国家自然科学基金项目(51674007)资助

水岩耦合作用下采场底板分区特征及其稳定性控制研究

付宝杰　著

中国矿业大学出版社

·徐州·

内 容 提 要

本书全面系统介绍了承压水上采场底板分区特征及稳定性控制与应用方面的一些新的研究成果。主要内容包括:绪论,水岩耦合作用下采场围岩应力分布规律及分区特征,水岩耦合作用下采场底板移动变形规律及分区特征,水岩耦合作用下采场底板破坏分区特征,水岩耦合作用下底板岩梁受力变形时效性分析,现场应用,结论与展望。

本书可供从事煤矿水害防治、开采设计等科研院校的科技工作者、工程技术人员以及高校师生使用。

图书在版编目(CIP)数据

水岩耦合作用下采场底板分区特征及其稳定性控制研
究 / 付宝杰著.—徐州:中国矿业大学出版社,
2022.9

ISBN 978-7-5646-5552-5

Ⅰ.①水… Ⅱ.①付… Ⅲ.①底板压力-采场支护-
研究 Ⅳ.①TD322

中国版本图书馆 CIP 数据核字(2022)第 173749 号

书　　名	水岩耦合作用下采场底板分区特征及其稳定性控制研究
著　　者	付宝杰
责任编辑	马晓彦
出版发行	中国矿业大学出版社有限责任公司
	(江苏省徐州市解放南路　邮编 221008)
营销热线	(0516)83884103　83885105
出版服务	(0516)83995789　83884920
网　　址	http://www.cumtp.com　E-mail:cumtpvip@cumtp.com
印　　刷	江苏凤凰数码印务有限公司
开　　本	787 mm×1092 mm　1/16　印张 10.25　字数 196 千字
版次印次	2022 年 9 月第 1 版　2022 年 9 月第 1 次印刷
定　　价	40.00 元

(图书出现印装质量问题,本社负责调换)

前　言

我国北方主要产煤的华北型矿区,东起徐州、淄博,西至陕西渭北,北起辽宁南部,南至淮南、平顶山一带几乎都受石炭—二叠纪煤系底部的太灰、奥灰强含水层影响,煤层底板至灰岩之间的隔水层厚度从数米到几十米不等,如何安全、高效开采底板灰岩含水层上煤炭资源,是许多矿井面临的重大技术问题。

近年来,我国部分灰岩承压含水层上开采时,发生了采煤或掘进工作面突水事故,在我国煤矿重特大事故中,突水事故在死亡人数和发生次数上仅次于瓦斯事故,给国家造成的直接经济损失一直位列首位。据统计,在过去的 20 多年里,全国 260 多对矿井因突水而淹没,经济损失高达 380 多亿元人民币,同时,对矿区水资源与环境也造成了巨大的破坏。底板突水过程实际上是在采动压力和水压共同作用下岩层裂纹萌生、扩展、贯通,直到最后断裂导致失稳破坏的过程。灰岩含水层的存在是煤层底板突水的物质基础,水压和岩溶裂隙发育程度对突水危险程度和突水量的大小有直接影响。因此,对水岩耦合作用下承压含水层上煤层底板裂隙分布及应力、破坏分区特征进行研究至关重要。

作者针对水岩耦合作用下采场底板隔水层分区特征及其稳定性控制研究始于淮南潘谢矿区 A 组煤的开采,该煤组资源丰富、赋存稳定、煤质好,由于开采的地质、水文地质条件复杂,尤其是近距离的底板灰岩水压高,对 A 组煤安全开采构成了巨大威胁。2013 年以来,已对潘二矿 11223、12223(里段),张集矿 1413A、1611A,潘四东矿 11113、11213、11313、11413、11111 共 9 个 A 组煤工作面进行了回采。通过相似模拟试验、理论分析和数值计算等方法,研究发现水岩耦合作用下底板应力分布与裂隙演化特征对 A 组煤安全开采至关重要。

采动初期,在水平应力作用下岩层超出自身抗拉强度,出现竖向张裂隙;采动中期,随着底板岩层承载能力增加,其整体抗弯性增强,产生竖向裂隙和少量层间裂隙;采动后期,含水层附近各岩层受水压及其上覆底板岩层共同作用,岩层整体性进一步增强,各岩层不同的挠曲变形造成层间相互错动,形成顺层裂隙。在裂隙形成基础上对采场底板竖向空间从塑性破坏角度进行分带,形成充分破坏带、潜在导水破坏带、塑性破坏带。研究煤层开采对底板渗流与稳定性的影响,提出底板稳定性判据,并由此阐明 A 组煤开采底板应力具有分区特征,分区为载荷缓慢升高区、端头应力降低区、拱形应力集中区、端头关键承载区,分析表明位于采场两端底板拱形应力集中区、端头关键承载区承载力比载荷缓慢升高区、端头应力降低区高,具有较好的阻隔突水能力。通过对底板应力分区、变形分区、破坏分区特征及其相互对应关系进行系统分析,揭示水岩耦合作用下,不同面长、水压、采高等条件下底板破坏深度及其稳定性,从采场设计、水压控制、开采强度调整等方面提出底板稳定性控制措施,并成功应用于淮南潘谢矿区 A 组煤开采实践中。

本书的出版得到了国家自然科学基金项目(51674007)的资助,特此感谢。

由于时间仓促和作者水平所限,书中疏漏在所难免,恳请专家、同行批评指正。联系电子邮箱:bjfu@aust.edu.cn。

作　者

2022 年 7 月

目　　录

1 绪 论

1.1 研究的背景和意义

煤炭企业的安全高效生产是关系国计民生的大事。随着国民经济的发展，煤炭消耗量日益增加，煤炭开采量也随之加大，浅部煤炭资源渐趋匮乏，为了满足社会对能源不断增加的需求，煤炭开采逐渐向深部发展。同时，与之伴生的地质灾害问题也日趋严重，如高瓦斯、承压水、高应力、巷道围岩变形失稳等，给深部煤炭资源的安全高效开采造成了很大威胁[1-2]。在渗流场中的岩体，一方面由于载荷施加于岩体之上，改变岩体内部应力场的分布，从而影响岩体的结构，引起岩体中水的作用强度、作用范围及作用形式发生改变；另一方面，由于工程体的出现，形成的人为干扰下的水渗流场反过来又作用于岩体之上，最终影响岩体的稳定性。无论哪一个是主动者，都会使得岩体介质渗透特性和应力状态相互影响，即为水岩耦合现象[3]。

我国北方主要产煤的华北型矿区[4]，东起徐州、淄博，西至陕西渭北，北起辽宁南部，南至淮南、平顶山一带几乎都受石炭-二叠纪煤系底部的太灰、奥灰强含水层影响，煤层底板至灰岩之间的隔水层厚度从数米到几十米不等。

淮南潘谢矿区 A 组煤的储量占矿区深部煤储量的 46％，由于受底板灰岩承压水的威胁，致使 A 组煤层开采困难。同时，淮南矿区作为华东地区重要的煤炭生产基地，对该地区经济发展起到举足轻重的推动作用。因此，必须对潘谢矿区 A 组煤层的安全开采进行研究。

底板突水过程实际上是在采动压力和水压共同作用下岩层裂纹萌生、扩展、贯通，直到最后断裂导致失稳破坏的过程[5-6]。开采实践及大量突水事例表明[7-10]，灰岩含水层的存在是煤层底板突水的物质基础，水压和岩溶裂隙发育程度与突水危险程度和突水量的大小直接相关联。决定底板突水的主要因素是水压的大小和隔水层的力学特性，当这两方面条件处于相对平衡状态时，地质构造又起控制作用。值得注意的是，受底板承压水威胁的煤层在进行回采前，一方面依靠疏水降压治理措施，另一方面则依靠采场优化设计。一般情况下，煤层与底板承压水的相对条件是不易改变的,如果只预防与治理,在技术和经济上都可能存在一定的不合理性,因此结合水岩耦合作用下底板岩梁破坏分区特征,研究开采保障技术进行采场优化设计,以达到开采与防治并举,安全与效益双赢,对解决安全开采问题意义重大。

1.2　国内外研究现状

1.2.1　采场底板受力稳定性分析

岩石破坏是一种与其某种利用性质改变或消失对应的力学状态,而岩石工程破坏是一种与某种使用功能改变或消失对应的工程状态。工程系统失稳的直接原因是岩石材料的破坏,但岩石材料破坏不等于工程系统就一定会失稳破坏[11-13]。实际岩石工程都是处在天然岩体内,由于地质作用使其产生不同程度的节理、裂隙和软弱结构面,使岩体的强度和稳固性产生一定程度地削弱[14-17]。同时,地下工程影响区域内的岩体处于更大范围岩体系统的约束作用下,这种约束作用有其不确定性,用一种确定性的数学力学模型来准确描述岩体系统整体结构的破坏失稳问题是很难的。

文献[18]～[22]在明确区分了岩石材料的破坏与岩石工程系统失稳破坏不同含义的基础上,提出了在地下岩石开挖工程和实际工程设计中,不应简单地将岩石材料的破坏与岩石工程系统的破坏用同样的破坏准则加以判断的观点。运用系统能量的原理,借助突变理论的方法,导出了岩体工程开挖系统失稳破坏的能量突变准则,并将其引入有限元程序中,用于判断岩体工程系统失稳的可能性。

岩体系统失稳的过程较复杂,考虑到失稳前岩体状态基本上是准静态的,因此可采用准静态的方法研究系统的稳定性,根据稳定性理论,系统弱化区和弹性区的平衡条件可用变分方程形式给出:

$$\delta \Pi = \int_{V_e} \delta \{d\boldsymbol{\varepsilon}\}^T \boldsymbol{D}_e \{d\boldsymbol{\varepsilon}\} dV + \int_{V_s} \delta \{d\boldsymbol{\varepsilon}\}^T \boldsymbol{D}_s \{d\boldsymbol{\varepsilon}\} dV -$$

$$\int_{V_e+V_s} \delta \{d\boldsymbol{u}\}^T \{d\boldsymbol{p}\} dV - \int_F \delta \{d\boldsymbol{u}\}^T \{d\boldsymbol{g}\} dF \qquad (1-1)$$

式中　V_e——弹性区体积;

　　　V_s——应变弱化区体积;

　　　F——区域边界;

　　　D_e——弹性介质的材料性质矩阵;

D_s——应变弱化介质的材料性质矩阵；

$d\boldsymbol{p}$——边界力增量矩阵；

$d\boldsymbol{g}$——体力增量矩阵；

$d\boldsymbol{u}$——边界位移场增量矩阵；

$d\boldsymbol{\varepsilon}$——应变增量矩阵。

判断平衡状态非稳定的准则是：

$$\delta^2 \Pi = \int_{V_e} \delta\{d\boldsymbol{\varepsilon}\}^T \boldsymbol{D}_e\{d\boldsymbol{\varepsilon}\}dV + \int_{V_s} \delta\{d\boldsymbol{\varepsilon}\}^T \boldsymbol{D}_s\{d\boldsymbol{\varepsilon}\}dV \leqslant 0 \qquad (1-2)$$

文献[23]、[24]根据弹性力学中半无限平面边界上受分布力作用的问题，把支承压力和承压水水压看成底板边界所受分布力，计算支承压力及承压水水压对底板中任一点 $M(x,z)$ 处引起的应力分量。

设坐标原点为工作面正中部，应力最大值 $F_{max} = k\gamma H$，其中 γH 为原岩应力，k 为应力集中系数，其峰值的前后方载荷均为连续线性。于是工作面前后方支承压力可以看成煤壁至应力峰值的三角形载荷、峰值至原岩应力的梯形载荷和原岩应力的矩形载荷，而工作面底板任意一点的应力则看成上述载荷与底板承压水水压在半无限平面体上的应力叠加。

图 1-1 中将初采期间工作面支承压力分为 6 段，分别为 AB、BC、DE、EF、$-\infty$-A、F-∞ 段，底板承压水水压为 HI 段，上述 HI、$-\infty$-A、F-∞ 段为均布载荷。

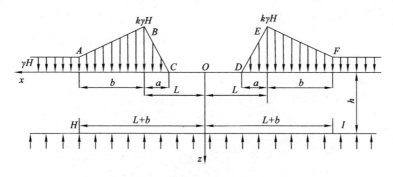

图 1-1　底板应力计算模型

设 BC 段支承压力表达式为 $q_1(\xi) = C\xi + D$，代入两点坐标 $(L-a,0)$、$(L,k\gamma H)$ 进行求解，得 BC 段支承压力的表达式为：

$$q_1(\xi) = \frac{k\gamma H}{a}\xi + k\gamma H\left(\frac{a-L}{a}\right) \qquad \xi \in [L-a, L] \qquad (1-3)$$

同理可以求出 AB、DE、EF 段的支承压力表达式，经计算得到 $q_2(\xi)$、$q_3(\xi)$、

$q_4(\xi)$依次为：

$$\begin{cases} q_2(\xi) = \dfrac{(1-k)\gamma H}{b}\xi + k\gamma H + \dfrac{L\gamma H(k-1)}{b} & \xi \in (L, L+b] \\[2ex] q_3(\xi) = \dfrac{-k\gamma H}{a}\xi + \dfrac{k\gamma H(a-L)}{a} & \xi \in [-L+a, -L] \\[2ex] q_4(\xi) = \dfrac{(k-1)\gamma H}{b}\xi + k\gamma H + \dfrac{L\gamma H(k-1)}{b} & \xi \in (-L, -L-b] \end{cases}$$

$$(1\text{-}4)$$

煤层开采以后，围岩应力重新分布，使得底板不同位置产生不同程度的应力集中与卸压，考虑到煤层底板岩石多为脆性材料，其破坏多符合剪切破坏机制。利用式(1-4)求出$M(x,z)$处主应力，代入莫尔-库仑(Mohr-Coulomb)准则，即：

$$\begin{cases} \sigma_1 = \dfrac{\sigma_x + \sigma_z}{2} - \sqrt{\left(\dfrac{\sigma_x + \sigma_z}{2}\right)^2 + {\tau_{xz}}^2} \\[2ex] \sigma_3 = \dfrac{\sigma_x + \sigma_z}{2} + \sqrt{\left(\dfrac{\sigma_x + \sigma_z}{2}\right)^2 + {\tau_{xz}}^2} \end{cases}$$

$$(1\text{-}5)$$

$$\sigma_1 < \frac{2C\cos\varphi}{1-\sin\varphi} + \sigma_3\frac{1+\sin\varphi}{1-\sin\varphi}$$

$$(1\text{-}6)$$

文献[25]～[27]根据底板岩层的层状结构特征，建立了采场底板岩体的关键层理论。该理论认为，煤层底板在采动破坏带之下，含水层之上存在一层承载能力最高的岩层，称为"关键层"。该理论抓住了底板岩体具有层状结构的特点，并注意到了底板中的强硬岩层在突水中的作用，揭示了在采动条件和承压水作用下采场底板的突水机理。5层岩层组成的底板隔水关键层力学模型如图1-2所示。

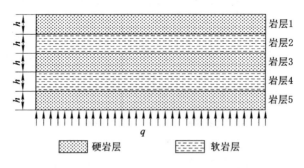

图 1-2　5层岩层组成的底板隔水关键层力学模型

为分析隔水关键层两端固支梁横截面上的弯曲正应力，假设梁各层之间变形是连续的，并且满足经典梁理论中的平面假设。取图1-3中所示坐标系，其中

z 轴为中性轴,其位置随隔水关键层软、硬岩层组合情况而变化,a_k 为第 k 种组合的中性轴到上表面的距离。设第 k 种组合情况中性层的曲率半径为 ρ_k,第 i 层截面内的正应力为:

$$\sigma_i^k = \frac{E_i^k y}{\rho_k} \quad (i = 1,2,3,4,5; k = 1,2,3,4,5) \tag{1-7}$$

这里自上而下 $i=1,2,3,4,5$。

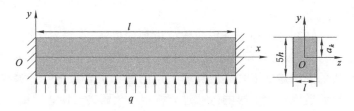

图 1-3　底板隔水关键层的两端固支梁模型

梁横截面上作用的弯矩为 M,由静力学平衡方程得:

$$\sum_{i,k=1}^{5} \int_{a_k-ih}^{a_k-ih+h} \frac{E_i^k y}{\rho_k} y \,\mathrm{d}y = M \tag{1-8}$$

$$\sum_{i,k=1}^{5} \int_{a_k-ih}^{a_k-ih+h} \frac{E_i^k y}{\rho_k} \,\mathrm{d}y = 0 \tag{1-9}$$

则关键层的曲率半径为:

$$\rho_k = \frac{\sum\limits_{i=1}^{5} E_i^k I_i^k}{M} \tag{1-10}$$

将式(1-10)代入式(1-7),得横截面上自上而下各层的正应力计算公式如下:

$$\sigma_i^k = \frac{M E_i^k y}{\sum\limits_{i=1}^{5} E_i^k I_i^k} = \frac{q l^2 E_i^k y}{12 \sum\limits_{i=1}^{5} E_i^k I_i^k} \quad (k = 1,2,3,4,5) \tag{1-11}$$

文献[28]～[31]应用突变理论建立了承压水底板关键层在动力扰动下失稳的双尖点突变模型,探讨了动力扰动诱发煤层底板关键层失稳的机制,给出了关键层在动力扰动下失稳的判据,揭示了关键层动力失稳的机理。研究表明:关键层破坏与否,不仅取决于关键层的内因(如几何尺寸和岩石的性质等),还取决于外部作用力的大小和方式;承压水等静载荷作用对关键层结构振动频率的变化有一定的影响;对于受承压水等静载荷作用的底板关键层,不同的动压,如扰动的幅度、作用时间和频率的不同组合会对底板关键层结构产生不同的影响,有的是弹性振动,有的是稳定破坏,有的是突然断裂或失稳。

文献[32]~[35]通过理论分析得出底板岩梁上面最大拉应力发生在离中性层最远处,受损底板岩梁首先断裂部位为采空区暴露部位。拉应力的大小不仅与岩梁的部位有关,更重要的是受到损伤度 D 的影响,受损面积愈大,应力增加愈快。一旦底板岩梁断裂,中性层就下移,断裂加深,并逐渐与扩张裂隙相连。随着开裂越深,损伤度 D 也越来越大,底板中拉应力也相应加大,致使断裂速度增大,当断裂与裂隙扩张发育到一定程度时,会以突变的方式贯穿底板,形成突水通道,导致底板失稳突水。

文献[36]~[39]通过理论分析和数值模拟的方法,在岩石力学和弹塑性力学的基础上,构建底板含软弱夹层复合岩体力学模型,分析底板变形破坏机理;采用数值分析的方法建立了含底板软弱夹层的巷道围岩稳定性计算模型,研究了软弱夹层对巷道稳定性的影响。通过分析得出软弱夹层使巷道围岩的稳定性降低的结论。

文献[40]基于弹性力学理论,分别构建周期来压时采场底板力学计算模型和隔水关键层稳定性分析模型,理论计算底板的纵向破坏形态和横向突水危险区域,进而得到:煤层开采后,沿工作面走向和倾向底板的纵向破坏形态分别呈"勺形"和"倒马鞍形",在采空区与煤体交界附近底板的破坏深度最大。

文献[41]分析了缓斜底板岩层在分叉点的平衡构形和平衡路径以及其他相关因素对稳定性的影响,并用实例验证了相对位移和位移幅值分析结果的准确性。在缓倾斜底板岩层稳定性理论研究的基础上,建立了底板岩层的稳定性评价体系,包括内部因素和外部因素,并提出突变级数法和主成分分析法相结合的方法,构建缓倾斜底板岩层稳定性的综合评价模型。以 10 个煤矿巷道底板为样本,利用 SPSS 软件,借助主成分分析和相关性分析两个辅助方法,确定同一系统指标的重要性排序和指标之间的相关关系,使用归一公式和同一系统指标的相关关系计算突变级数值,经过逐层递阶计算,得到总的突变隶属函数值。参考《矿井地质规程》,结合煤矿的地质资料,将煤层底板稳定性分为极稳定、较稳定、中等稳定、不稳定和极不稳定 5 个等级。

文献[42]采用中厚板理论和突变理论分别对巷道底板及其稳定性进行分析,从而得到了巷道底板在不稳定应力下的变形为非协调变形,结合尖点突变模型,推导出底板失稳的必要条件。提出了底板卸压解危方法,在巷道两帮底脚斜打爆破钻孔,因为斜打钻孔方便取渣,可以得到较长钻孔,深入底板岩层,通过爆破形成的爆破裂隙区来减弱底板能量,改善底板受力状态。

文献[43]采用相似材料模拟、数值计算方法研究了近距离煤层重复开采过程中煤层底板应力的动态演化规律,并探讨底板巷道围岩应力及位移分布特征。结果表明:煤层底板应力分布具有明显的周期性波动规律,第 1 次开采时波动幅度最大,并且底板应力的集中及卸载程度与距离煤层的法向距离呈负相关性。

文献[44]基于薄板理论,利用底板"下三带"理论并在分析研究工作面支承压力分布规律的基础上,将底板隔水层简化为四边固支受线性载荷作用下的矩形薄板,建立隔水层力学模型,表明了隔水层最大挠曲位置位于工作面倾斜方向的中心和距工作面煤壁初次来压步距的 5/12 的交点处;隔水层中最大主应力方向与水平主应力方向一致;隔水层所能承受的极限水压与隔水层厚度成抛物线关系。

文献[45]通过考虑底板岩体分层特性,将采场底板视为弹性层状半无限平面体,采用传递矩阵法建立层状底板的应力计算模型,分析了岩体的软硬性质对采场底板应力分布和破坏特征的影响。硬岩底板对支承压力具有降低和扩散作用,降低作用减小了底板深处应力,有效地抑制了采场底板破坏深度;扩散作用加大了下卧岩层的应力影响范围,导致下卧岩层破坏范围增加,软岩底板由于其承载能力弱,会加剧底板应力的集中程度,导致底板岩层的破坏深度和范围都大大增加。

1.2.2 底板变形及破坏特征

在主要开采煤层和岩溶含水层之间存在着厚度不等的砂泥岩隔水层。充分利用隔水层的防突水能力,实施下组煤的带压开采是防治矿井水害、安全采煤的主要防治水技术方法之一,但隔水层厚度、构造破坏、高压水及采矿对隔水层的扰动和破坏,往往造成严重的矿井水害事故,严重影响了这一地区煤炭资源的安全开采[46-49],特别是近年来随着矿井开采深度的增加,工作面底板承受的水压力越来越大,机械化放顶煤开采技术的广泛应用,采掘过程对底板隔水层的扰动和破坏越来越严重,使得矿井发生水害的危险性不断增大。

文献[50]～[54]从理论和实际观测资料上分析了工作面回采对底板隔水层扰动破坏的时间和空间规律,给出了采煤工作面底板受力分布特征(见图 1-4)及其随采掘过程的动态演变特征,得出了一些有意义的认识和结论,以期对采煤工作面底板水害预测与防治有所帮助。

在工作面回采过程中,工作面中任意地方顶底板岩层中应力状态基本可划分为三个阶段(见图 1-5),第一个阶段为回采前煤壁应力增量区,第二个阶段为回采后控顶应力降低区,第三个阶段为冒顶后应力恢复区。

文献[55]分析了煤层底板岩层组合及结构类型,建立了反映完整水平底板岩层组合的工程地质模型,运用有限元软件对其采动底板应力分布和变形特征进行了数值模拟,得出了在矿山压力作用下"三软"煤层采动底板不同深度应力和变形破坏的分布规律。在 15 m 的破坏深度范围内,其破坏程度随着

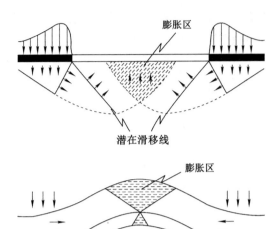

图 1-4　采煤工作面底板岩体应力状态分布

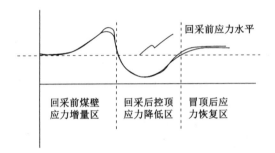

图 1-5　工作面底板应力变化三个阶段

深度的增加是逐渐减弱的,可以划分为"两带",发生明显破坏的深度是 10.2 m,属于破坏带,基本上不具有阻水能力。其下的 4.8 m 不论是从应力还是从变形的角度来看,虽受到采动的影响,但其影响程度明显减弱,属于扰动带,仍然具有一定的阻水能力。"两带"的高度比非"三软"条件下工作面底板的"两带"高度要小得多,这也进一步说明"三软"煤层对矿山压力在底板的传播具有一定的缓冲作用。

　　文献[56]通过相似材料模拟分析认为深部承压水体上开采工作面底板应力表现为:前方煤体应力一直处于上升(增压)状态,底板岩体处于压缩状态;采空区底板应力总是处于下降(卸压)状态,底板岩体处于膨胀状态。因此,正常回采时底板岩体受力状态为采前增压→卸压→恢复,随着工作面的推进,这种受力状态反复出现。在压缩区和膨胀区的交界处,底板岩体容易剪切变形而发生破坏,处于膨胀状态的底板岩体则容易产生离层裂隙及垂直裂隙而发生破坏。

文献[57]运用FLAC3D数值模拟软件,对开采煤层下伏岩层移动变形规律进行了深入研究,对煤层底板"三带"范围进行了初步确定,同时,从不同方面对煤层底板开采破坏深度进行了理论计算。根据突水系数、导水带深度、导升带高度和经验数据,确定出正常条件下带压开采的下限(-720 m)以及安全措施条件下(底板预注浆处理等)的带压开采下限(-850 m)。依据开采下限,对带压开采条件进行了分析,初步形成了高突危险水体上煤层带压开采的分区分类,划分了开采相对安全区(安全开采区、次安全开采区、条件安全开采区)、深部突水危险区、构造突水危险区,为确定安全开采技术与工艺奠定了理论基础。

文献[58]在国内率先提出了煤层采空区底板岩层破坏的"三带"概念,即底板自上而下依次为鼓胀开裂带($8\sim15$ m)、微小变形与移动带($20\sim25$ m)及应力微变化带($60\sim80$ m)。随后文献[59]又从力学分析方面提出了底板岩体由采动导水裂隙带及底板隔水带组成的"两带"模型,并得出了"两带"的厚度和底板导水裂隙带深度的计算公式。

根据大量的现场实测资料和在实验室中所获得的研究成果,文献[60]~[63]提出了"下三带"理论。此理论认为煤层开采后底板也像采动覆岩一样存在"三带"区域,自上而下依次为采动破坏导水带、完整岩层隔水带、承压水导升带,其中对底板突水起着主要的保护作用的是底板完整岩层隔水带。"下三带"理论认为底板突水机理是由底板水压和采动矿压联合作用下含水带升高,底板含水带与导水带沟通所致,并采用完整岩层阻水带平均每米岩层阻水能力作为预测突水与否的判断标准。"下三带"理论较好地揭示了煤层采动条件下底板的突水规律,但是这一理论仅定性地分析了"三带"的存在及其相互关系,未能清楚地表明各种影响底板突水的因素与突水的关系,因此在现场实际应用中也受到很大限制。

文献[64]、[65]从现代损伤力学及断裂力学理论出发,建立采场底板的"四带"理论。该理论认为采场下方存在一个足够厚的底板,根据其力学特征,自上而下依次划分出四带:矿压破坏带、新增损伤带、原始损伤带、原始导高带,并从理论方面确定了各带的厚度。

文献[66]通过构建数学模型分析深部煤层底板破坏规律与浅部煤层底板破坏规律的差异性,确定出深、浅部煤层底板破坏规律的分界点。在此基础上,运用灰色关联分析法对比分析了深、浅部煤层底板破坏深度主控因素的影响权重顺序,从煤层底板采动应力变化的角度探索深部煤层底板的破坏机理,得到了浅部煤层底板破坏规律与深部煤层底板破坏规律差距较大的结论。浅部煤层底板破坏深度受工作面开采尺寸的影响较大,而深部煤层底板由于采动应力较大的变化幅度,增加了煤层底板卸荷破坏的可能性,导致深部煤层底板破坏深度受埋深的影响较大。

文献[67]、[68]基于 FLAC3D 数值模拟软件研究倾斜底板开采破坏形态得出了采后倾斜底板形成明显的"三带"破坏特征,塑性破坏区的分布非对称性特征明显,沿工作面走向底板近似"勺形"破坏形态,沿工作面倾向具有上小下大的"倒马鞍形"剪切破坏特征;通过理论计算倾斜底板隔水关键层的预先破坏并不是发生在其边界中部,而是分别从经过最大挠度点的曲线与右侧边界、下端部边界的法向相交处起裂,并沿边界相互贯通,逐渐扩展至整个隔水层内部区域。

文献[69]通过数值模拟工作面开采后底板应力演化分布规律及破碎区演化规律分析,得出了在垂直方向破坏岩层厚度基本呈现线性增长,水平方向以扇形方式扩展且岩层塑性破坏的最大厚度在工作面开采边缘。

文献[70]～[72]基于 FLAC3D 数值模拟软件对工作面底板采动破坏进行数值模拟,进一步探究先开采上盘煤层后开采下盘煤层时,工作面推进方向对底板采动破坏的影响规律。结果表明:逆着断层倾向推进工作面时,断层带附近岩体的垂直应力集中更为明显,煤层底板采动对底板塑性区的破坏性更大。底板岩层裂隙的发展具有时间效应,且底板岩层的破坏具有周期性。

文献[73]、[74]根据底板采动应力演化规律与破坏深度实测结果,分析沿工作面走向底板破坏特征,得出了在工作面推进方向上,底板经历压缩—膨胀—压缩过程,在层面方向上产生离层破坏,主要是因为受高水平构造应力的挤压、高水压力顶托作用,导致采空区底板不同岩性之间产生不同程度弯曲变形,进而造成层向破坏,在浅部较为发育。竖向裂隙主要由拉、剪破坏导致,拉破坏在浅部较为发育,而剪破坏在压缩区与膨胀区之间,影响深度较大。

文献[75]中以矿压理论、弹塑性力学理论以及滑移线场理论等为基础,通过对底板夹矸和底板煤层进行力学分析,研究了底板夹矸和底板煤体的破坏模式。得出了第一阶段是底板夹矸在水平应力作用下,发生压杆屈曲失稳,此时水平应力是底板破坏的关键,若水平应力超过夹矸破坏的最小轴向力,则夹矸破坏。第二阶段是当夹矸发生屈曲失稳以后,与下伏煤层形成自由空间,底板破碎煤体在高支承压力以及上覆高载荷作用下,将沿煤体原生节理以及新生裂隙发生滑移,使煤体往自由空间中挤压,对底板夹矸产生挤胀作用,促使夹矸破坏。此时对底板破坏起到关键作用的是垂直应力,而水平应力不再是底板破坏的最主要因素。

1.2.3 底板破坏深度

1.2.3.1 经验公式法

魏久传等[76]根据现场实测和模拟试验研究结果,得出底板岩层采动破坏深度与工作面的宽度有如下关系:

$$h_1 = 0.700\,7 + 0.107\,9L \text{ 或 } h_1 = 0.303L^{0.8} \tag{1-12}$$

式中　h_1——底板破坏深度;

L——开采工作面长度。

1.2.3.2 现场实测

现场实测通常采用钻孔抽(放)水试验及其他探测手段确定破坏深度。根据全国已有的工作面底板破坏深度的实测资料,通过对各种因素的对比分析,陈刚等选取开采深度、煤层倾角、岩石强度和工作面斜长等4个主要因素进行了多元回归分析,得到底板破坏深度的回归公式为(复相关系数为0.95)[77]:

$$h_1 = 0.111L' + 0.006H + 4.541\sigma_c - 0.09\alpha - 240 \tag{1-13}$$

式中　H——采深;

L'——工作面斜长;

σ_c——岩体单轴抗压强度;

α——煤层倾角。

翟培合[78]应用高密度电阻率技术,开发出了采场底板破坏及底板水动态监测系统,应用该系统能够动态监测工作面及其采空区底板岩石的破坏深度和底板水的运移过程。

曹胜根等[79]针对平禹一矿13091高承压水底板,采用直流电法三极探测技术对工作面两巷底板进行了探测,并对探测结果中存在的明显低阻力异常区进行了详细分析,指出了工作面有突水可能性的区域。

徐德金[80]根据煤层底板地质特征,分析了底板岩性及其组合特征,考查了太原组灰岩水的富水性和水压情况,并采用应变软化本构关系建立了地质力学模型;运用快速拉格朗日法对承压水体上底板的采动效应进行了数值模拟,确定10煤回采底板破坏深度为13 m。结果表明:底板导水裂隙带深度未超出突水系数所确定的危险界限16 m,应用数值分析的结果判定太灰水对10煤回采无突水威胁。

刘盛东、张平松、吴荣新等[81-86]根据渗流场-电场原理,建立砂质含水层渗流电测物理模型,并采用网络并行电法技术对模型注水和放水过程中的电性参数进行实时测量。

段宏飞等[87]应用现场应变实测系统在兖矿集团杨村煤矿4602综采工作

面进行了现场实测,得到了底板 2 个监测钻孔 8 个应变传感器探头的应变增量随工作面推进的变化曲线,通过对 2 个监测钻孔监测数据的综合比较,确定底板破坏深度介于 8.4～10.1 m 之间;结合现场底板变形实测,分析了煤壁前方超前支承压力影响的范围与底板深度的关系,并给出了定量表达式;应变增量曲线反映出的周期来压步距为 8.9 m,这与工作面矿压监测数据反映的周期来压步距基本一致。在此基础上,结合作者所在课题组在兖州矿区底板破坏深度实测的已有数据,提出了适合兖州地区的底板破坏深度的经验公式,为兖州煤田下组煤开采结合其他突水影响因素确定安全可采分区提供了可靠依据。

孙建等[88]针对底板特别是倾斜煤层(煤层倾角在 25°～45°之间)底板采动破坏深度现场测量方法的局限性,以桃园煤矿 1066 工作面为例,利用高精度微震监测技术,对承压水上倾斜煤层底板的采动破坏特征进行了连续、动态监测。监测结果表明:① 工作面运输巷(下平巷)附近的底板比工作面回风巷(上平巷)附近的底板破坏深度更深,破坏范围更大;② 倾斜煤层工作面底板破坏形态整体呈现为下大上小的非对称形态。根据微震监测结果,确定了 1066 工作面回风巷和运输巷附近底板的最大破坏深度,划分了倾斜煤层工作面底板突水危险区域。将微震监测的倾斜煤层底板破坏深度与经验公式计算的底板破坏深度进行了对比,指出了经验公式存在的不足。

臧思茂等[89]针对团柏煤矿下组煤开采时水文地质条件的复杂性,运用突水系数理论和采用底板破坏过程有限元 RFPA^{2D} 数值模拟分析方法,对该矿下组 11# 煤层开采时的底板突水危险性做出了综合评价。研究表明:陷落柱较为发育的 11# 煤底板突水系数为 0.05 MPa/m,接近底板受构造破坏块段临界突水系数;由数值模拟结果看,该煤层开采时底板岩层的破坏深度约为 15 m,破坏带底部距下伏奥灰含水层仅约 10 m。基于上述水文地质综合分析结论提出了该煤层开采时底板突水隐患的预防和治理对策。

靳德武等[90]在研究煤层底板突水可监测性、监测条件及适用范围的基础上,研制开发了一套基于光纤光栅通信和传感技术的新型煤层底板突水监测预警系统。该系统由数据采集系统、数据突水监测-数据集成分析系统组成,能够实现监测数据实时采集、曲线实时显示、远程分析、警情发布等功能。通过在东庞矿北井 9208 工作面自开切眼至距开切眼 225 m 段监测预警试验,初步验证了煤层底板突水监测预警系统的实用性和有效性。

高召宁等[91]从煤层开采引起底板破坏的一般规律出发,探讨了底板岩层破坏与其电阻率的响应关系。介绍了直流电阻率 CT(电子计算机断层扫描)探测技术的原理与方法,按照采动底板岩层活动规律设计了探测方案,进行煤层底板破坏深度的动态直流电阻率 CT 探测。通过在淮北某矿 1028 工作面风巷中底板位置施工 2 个钻孔,在孔中埋置一定数量电极,形成孔间探测剖面,并根据工作面回采进度探测不同时期岩层电场变化特征,反演其电阻率值,得出煤层底板采动裂隙演化过程中的岩层电阻率响应特征和 1028 工作面底板破坏深度为 17 m,为煤矿安全生产提供直观有效的技术参数。试验结果表明:采用直流电阻率 CT 探测技术对煤层底板采动破坏带演化过程探测效果明显,能显示出底板在回采过程中破坏变化情况,有利于煤矿底板突水预测和突水防治措施的制订。

鲁海峰等[92]通过将底板极限平衡破坏形式视为圆弧形滑动,运用瑞典条分法搜索出最危险滑面并得出稳定系数,相应可得滑面最大深度。讨论了软硬岩组合以及岩层倾角等因素对底板稳定系数及滑面深度的影响规律。得到了硬岩底板以局部塑性破坏为主,稳定系数一般较高,可近似采用弹性解;软岩底板一般塑性区范围大,甚至出现塑性滑动,采用极限平衡法分析误差较小。软硬岩组合底板中,当硬岩厚度达到一定值后,可大幅度增加底板稳定系数并控制底板塑性区范围。在工作面上部,高倾角底板易发生浅层滑动破坏,而工作面下部则与之相反。

李江华等[93]通过有限元数值计算方法对底板破坏规律进行研究,采用矿井对称四极电剖面法对不同采高底板破坏深度进行实测,并运用 SPSS 软件对 4 个底板采动破坏影响因素与底板破坏深度的关系进行多元统计回归分析。研究得出:煤层埋深较大时采高对底板破坏深度的影响明显;随着采高的增大,底板垂直应力减小,围岩竖直位移增大,位移等值线梯度减小,底板破坏深度增大;考虑采高因素的底板破坏深度线性回归公式对煤层开采工作面底板破坏深度的预计准确率高,适用性强。

文献[94]提出了煤层底板破坏深度预测的 GRA-FOA-SVR 模型,根据灰色关联度分析法最终得到开采深度、煤层倾角、开采厚度、工作面斜长、煤层底板损伤变量和煤层切穿型断层或破碎带数六个影响因素与煤层底板破坏深度的关联度,得出这六个影响因素对煤层底板破坏深度的影响程度都很大。

文献[95]~[100]通过理论分析和 FLAC3D 数值模拟软件模拟底板破坏深度,得到了影响底板破坏深度因素的主次顺序为:工作面斜长>采深>黏聚力>采高>煤层倾角>水压>内摩擦角;工作面斜长对底板破坏深度的敏感度为高度显著,采深较为显著,黏聚力显著,采高、煤层倾角、水压以及内摩擦角不显著;破坏深度与工作面斜长、采深和底板内摩擦角正相关,与底板黏聚力负相关;随着倾角的增大,破坏深度呈现先升后降趋势,而随着侧压系数的增大,破坏深度呈现先降后升趋势。

文献[101]采用数值模拟及现场实测相结合的方法,研究了80101首采工作面底板破坏裂隙的发育形态及深度、不同工作面宽度条件下的底板破坏深度发育特征,研究结果表明:未受相邻采场采动应力影响下的首采工作面底板破坏深度发育较小,底板破坏在工作面走向上呈"倒马鞍形"。即工作面端部两侧底板破坏深度最大,最大破坏带向外侧倾斜以剪切破坏为主;工作面中部底板破坏深度小,以拉张破坏为主;底板破坏深度受工作面宽度影响较大,底板采动破坏深度与工作面宽度呈线性变化。

文献[102]针对现有损伤变量计算方法的局限性提出一种基于FLAC3D数值模拟软件,结合岩石力学参数计算底板岩层损伤变量的方法,通过现场实测的方法并利用FLAC3D软件计算损伤变量具有一定的合理性,为确定损伤变量进而计算底板破坏深度提供了一种较为简便的方法。

1.2.3.3　理论计算法[103]

根据不同理论假设与强度准则,有如下公式计算底板破坏深度。

（1）由断裂力学及莫尔-库仑破坏准则：

$$h_1 = \frac{1.57\gamma^2 H^2 L'}{4\sigma_c^2} \tag{1-14}$$

（2）由弹性理论及莫尔-库仑破坏准则：

$$h_1 = \frac{(n+1)H}{2\pi}\left(\frac{2\sqrt{K}}{K-1} - \cos^{-1}\frac{K-1}{K+1}\right) - \frac{\sigma_c}{\gamma(K-1)} \tag{1-15}$$

$$K = \frac{1+\sin\varphi_0}{1-\sin\varphi_0}$$

（3）由弹性理论和Griffith破坏准则：

$$h_1 = \frac{(n+1)p_0}{32\pi^2\gamma_t}\left[(n+1)p_0 - \sqrt{(n+1)^2 p_0^2 - 64\sigma_t^2\pi^2} - 8\pi\sigma_t\sin^{-1}\frac{8\pi\sigma_t}{(n+1)p_0}\right] \tag{1-16}$$

（4）由塑性理论和莫尔-库仑破坏准则：

$$h_1 = \frac{0.015H\cos\varphi_0}{2\cos\left(\frac{\pi}{4}+\frac{\varphi_0}{2}\right)}\exp\left(\frac{\pi}{4}+\frac{\varphi_0}{2}\tan\varphi_0\right) \tag{1-17}$$

式中　p_0——原岩应力；

γ——底板岩体平均容重；

H——采深；

L'——工作面斜长；

σ_c——岩体单轴抗压强度；

σ_t——岩体单轴抗拉强度；

n——最大应力集中系数；

φ_0——岩体内摩擦角。

综合以上研究成果可知：

（1）大量文献资料对底板应力分析仍集中在弹性阶段，对于采场底板已破坏区段其承载能力将大幅度降低，破坏区抗弯强度的下降直接影响到隔水完整岩梁的受力变形，导致采场滞后突水的可能性增大。因此，有必要对破坏区岩石采用合理的本构模型进行描述，用于表明不同作用时间内完整岩梁变形及受力情况，进而判断其稳定性。

（2）已有文献在采场底板受力、变形、移动方面做了大量研究，主要集中在沿煤层走向上，而对于沿煤层倾斜方向，针对不同工作面长、不同底板水压及不同采高条件下，采场底板变形、破坏分区特征仍需进一步分析。

（3）采动破坏深度影响因素很多，文献中对该值的计算有的根据理论分析，有的结合经验公式或现场实践，所考虑的因素中并未涉及水压的影响，不同水压作用下底板受力变形乃至破坏程度是不同的，本书通过对水压、工作面长度、采高等几个关键因素进行分析，从而得出底板破坏深度与各因素之间的关系。

1.3　主要研究内容及研究目标

1.3.1　主要研究内容

研究内容包括以下几个方面：

（1）水岩耦合作用下采场底板应力分布特征

① 采场底板受力理论分析。以韦布尔（Weibull）函数形式描述采场上边界竖向应力大小及分布状态，将煤层底板视为半无限体，分析煤层底板均质弹性岩体不同区间载荷分布，得出回采期间底板岩层内任意一点的应力解析式。

② 有无承压水作用下底板岩层的受力状态。在对多孔介质内应力场与渗流场耦合作用理论分析的基础上，运用FLAC3D流固耦合程序分析水岩耦合与无承压水作用下底板的受力特征。

③ 开采条件与开采技术参数对底板岩层受力状态影响。针对不同面长、底板水压条件，分析一定煤层采高时，采场底板最大主应力、垂直应力及孔隙水压力分布特征，结合底板不同层位应力曲线变化规律，分析开采条件与开采技术参数对底板受力状态的影响程度。

④ 水岩耦合作用下采场底板应力分区。基于以上研究内容，对采场底板应

力分布规律进行总结分析,提出受承压水作用下采场底板应力分区模式。

(2) 水岩耦合作用下采场底板变形规律研究

① 采场底板裂隙分区及演化规律。利用自制底板承压水系统,通过相似材料模拟分析一定水压作用下采场围岩垮落、变形规律,重点描述底板裂隙的发生、发展及分布规律。

② 数字图像相关法分析底板变形规律。运用数字图像相关法分析采场底板在承压水作用下的变形规律,由此对采场底板底鼓形态、采动影响范围、底鼓动态趋势进行分析,得出底板变形区域划分。

③ 底板水压卸载时底板变形规律。通过对底板水压以一定压力值卸载,得出底板变形规律,并据此分析采动应力及水岩耦合作用对底板变形的影响程度。

④ 采场底板形变分区特征。通过对不同面长、不同水压条件下底板岩层不同层位变形曲线分析,得出煤层开采后整个煤层底板沿横向、竖向位移变化规律并总结底板形变分区。

(3) 水岩耦合作用下底板破坏分区特征

① 底板破坏深度电法测试。利用并行电法采集技术对相似模拟中底板破坏深度进行分析,通过数据反演得出顶底板跨孔之间不同时间电性剖面比值图,进而判断采场底板破坏深度,用于验证数值计算塑性破坏深度。

② 采场底板破坏分区。通过数值模拟方法分析不同面长、不同水压、不同采高时底板破坏形态及破坏深度,并以此拟合破坏深度与面长、水压、采高的关系;针对底板破坏特征提出其破坏分区。

(4) 水岩耦合作用下底板岩梁受力变形时效性分析

① 采场底板破坏区岩石流变试验及本构关系确定。受采动影响煤层底板塑性破坏后,其自身力学特性十分复杂,本书通过岩石流变试验分析试件不同轴向应力作用下,轴向及横向应变与时间的关系,尤其针对某一应力阈值后的蠕变加速状态,分析并确定其本构关系,作为描述底板破坏区力学行为的理论基础。

② 底板岩梁受力变形时效性分析。基于采场底板分区特征,建立底板黏弹性-弹性岩梁稳定性力学模型,由虚功原理及能量泛函变分条件,分析采动应力及底板水压不同作用时间下,受黏弹性岩梁抗弯能力下降的影响,底板弹性岩梁挠度及内应力变化趋势。

(5) 水岩耦合作用下工作面安全回采试验

在充分研究潘北矿首采面地质及水文地质条件基础上,运用本书研究成果对工作面开采进行安全评价,提出防治工作面突水的具体措施并现场应用,实现工作面安全回采。

1.3.2 研究目标

通过对采场底板进行区域划分,明确水岩耦合作用下各分区内受力、变形及破坏形式,以及各区域不同破坏状态相互间的影响机制,进而判定底板突水空间、时间的差异性,基于底板稳定性控制提出防治水措施。

1.4 主要研究方法与技术路线

1.4.1 主要研究方法

(1)通过 FLAC3D 流固耦合分析模块模拟分析水岩耦合作用下底板应力分布特征,分析不同水压、面长条件下,不同底板层位应力变化趋势,得出采场底板围岩应力特征分区;结合不同采高条件下底板破坏状态,形成底板破坏分区,并与应力分区相对应。

(2)自制承压水模拟系统用于相似材料模拟试验中,模拟水压作用下底板裂隙萌生、发育及分布规律;通过数字图像相关法分析采场底板岩层移动变形规律,得出采场底板空间横向、竖向变形分区。

(3)相似模拟试验中采用并行电法测试技术对底板破坏深度进行测试分析,用于验证理论分析结果。

(4)理论分析中运用黏弹性相关理论结合能量法对底板不同区域进行总能量分析,由虚功原理及能量泛函变分条件,分析采动应力及底板水压不同作用时间下,受黏弹性岩梁抗弯能力下降的影响,底板承载突水关键带挠度及内应力变化趋势。

(5)实验室试验中对岩样进行常规性抗压、抗拉试验,得出不同岩性的抗压、抗拉强度。通过岩石流变试验,分析试件不同轴向应力作用下轴向及横向应变与时间的关系,并确定其本构关系。

1.4.2 技术路线

在已有采场底板突水机理及预测防治技术的基础上,根据本书的研究内容,确定采用理论研究、相似模型试验、数值计算、实验室试验等相结合的研究方法对水岩耦合作用下采场底板分区特征及各分区内破坏形式进行分析。技术路线见图 1-6。

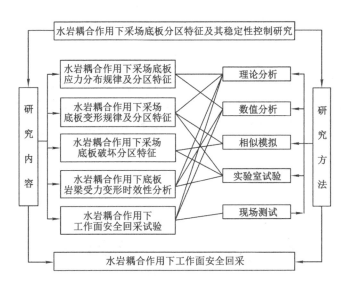

图 1-6　技术路线

2　水岩耦合作用下采场围岩应力分布规律及分区特征

2.1　采场覆岩结构特征

　　井下煤层开采引起采场围岩移动、变形及破坏的过程十分复杂,主要取决于地质与采矿因素的综合作用[18,104],其中最主要的影响因素是煤岩结构与力学性质,煤层倾角、采高与埋深,采煤方法及开采范围大小等。长壁式工作面在开切眼推进过程中,上覆岩层跨度增加,在自重和上覆岩层回转的作用下,煤层之上的直接顶岩层依次产生离层、弯曲、断裂,并垮落于煤层底板之上,在采空区上方形成垮落带(采场孔洞与裂缝网络连通)、断裂带(岩层层向与法向裂缝网络连通)及弯曲下沉带(岩层内层向裂缝网络连通),简称“上三带”[105],如图2-1所示。以实用矿山压力理论为基础,在底板方向形成类似于“上三带”的底板分带特征,但底板分带厚度小于“上三带”相应的高度,为此,需对底板受力及水岩耦合作用下底板分区特征进行分析。

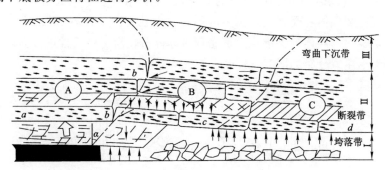

A—(a—b)煤壁支承压力集中影响区;B—(b—c)断裂离层卸压区;
C—(c—d)重新压实应力恢复区。

图 2-1　覆岩分带模型

2.2 采场底板受力分析

现场试验和理论研究均表明,对于走向长壁工作面,煤层开采后形成采空区,其上覆岩层重量将向采空区周围煤(岩)体内转移,进而会在采场周围形成支承压力,支承压力分为移动性支承压力、残余支承压力和固定支承压力3类。工作面前方形成超前支承压力,它随着工作面的推进而不断向前移动,使得工作面前方煤体顶板、底板一定范围内形成增压区和卸压区。一般情况下,支承压力的显现特征用其分布方式、分布范围、应力峰值位置和大小来表示,具体如图2-2所示。

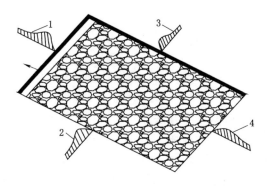

1—工作面前方超前支承压力(移动性支承压力);2,3—工作面两侧侧向支承压力(残余支承压力);
4—工作面后方采空区支承压力(固定支承压力)。

图 2-2　工作面采空区支承压力分布

初采期间,采空区的空间形态为矩形,由于基本顶岩块的失稳,工作面前方及开切眼一侧煤体将受到支承压力的影响。而在初采阶段,一般认为工作面前方及开切眼一侧煤体的支承压力呈完全对称分布。沿工作面推进方向取剖面初采期间支承压力分布如图2-3所示。

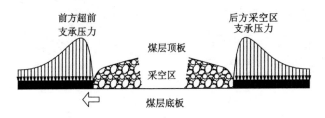

图 2-3　初采期间工作面支承压力分布

基本顶来压之后,煤层上覆岩层大部分是半拱式的结构,随工作面的推进,上覆岩层的压力拱由小变大且逐渐向上扩展,当工作面推进距离与工作面长度大致相等时,工作面再向前推进,压力拱在竖直方向上的范围不再增大;而后,随工作面的回采采空区后方已冒落的矸石承受压实区的重量,支承压力恢复到或接近原岩应力 γH。沿工作面推进方向取剖面,正常回采期间工作面支承压力分布如图 2-4 所示。

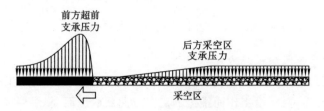

图 2-4 正常回采期间工作面支承压力分布

2.2.1 力学模型的建立

为了研究沿煤层走向工作面底板应力分布特征,本书将煤层底板岩体视为均质的弹性体。根据弹性力学理论[106-107]可知,作用在均质且各向同性的空间半无限平面边界上的微应力 $q(\xi)\mathrm{d}\xi$,其在底板岩体内任意一点 $N(x,z)$ 引起的应力如式(2-1)所示,N 点与微小集中力的垂直和水平距离分别为 z 和 $x-\xi$,具体如图 2-5 所示。

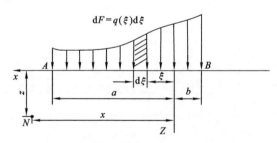

图 2-5 受分布载荷作用的底板岩体应力计算示意图

$$\begin{cases} \mathrm{d}\sigma_z = -\dfrac{2q(\xi)\mathrm{d}\xi}{\pi}\dfrac{z^3}{[z^2+(x-\xi)^2]^2} \\[3mm] \mathrm{d}\sigma_x = -\dfrac{2q(\xi)\mathrm{d}\xi}{\pi}\dfrac{z(x-\xi)^2}{[z^2+(x-\xi)^2]^2} \\[3mm] \mathrm{d}\tau_{xz} = -\dfrac{2q(\xi)\mathrm{d}\xi}{\pi}\dfrac{z^2(x-\xi)}{[z^2+(x-\xi)^2]^2} \end{cases} \quad (2\text{-}1)$$

为了求出全部分布力引起的应力,只需将各个微小集中力所引起的应力相叠加,即求解式(2-1)的积分,积分范围为 $q(\xi)$ 所在区域,经计算得式(2-2)。

$$\begin{cases} \sigma_z = \dfrac{-2}{\pi} \displaystyle\int_{\xi_1}^{\xi_2} \dfrac{z^3 q(\xi)\,\mathrm{d}\xi}{\left[z^2 + (x-\xi)^2\right]^2} \\[3mm] \sigma_x = \dfrac{-2}{\pi} \displaystyle\int_{\xi_1}^{\xi_2} \dfrac{z\,(x-\xi)^2 q(\xi)\,\mathrm{d}\xi}{\left[z^2 + (x-\xi)^2\right]^2} \\[3mm] \tau_{zx} = \dfrac{-2}{\pi} \displaystyle\int_{\xi_1}^{\xi_2} \dfrac{z^2\,(x-\xi) q(\xi)\,\mathrm{d}\xi}{\left[z^2 + (x-\xi)^2\right]^2} \end{cases} \tag{2-2}$$

2.2.1.1 初采期间底板应力计算模型

当工作面自开切眼回采一段距离,根据初次来压前初采期间工作面前后方支承压力的分布特征,沿工作面推进的走向方向截取剖面,将煤层底板受力简化为如图 1-1 所示的计算模型。把煤层底板岩体近似为半无限平面体,且将底板承压水处理为均布载荷,设工作面前方和开切眼一侧煤体内支承压力应力集中系数峰值为 k,因顶板未垮落,故采空区无支承压力。

2.2.1.2 正常回采期间底板应力计算模型

工作面推过一定距离后,采空区上覆岩层活动将趋于稳定,进入了正常回采阶段,采空区内某些区域冒落的矸石逐渐被压实,进而使上部未冒落岩层得到不同程度的支撑。所以在距工作面一定距离采空区内,可能出现较小的支承压力,其值达到或接近原岩应力。根据正常回采期间工作面支承压力分布规律,建立如图 2-6 所示的底板应力计算模型。

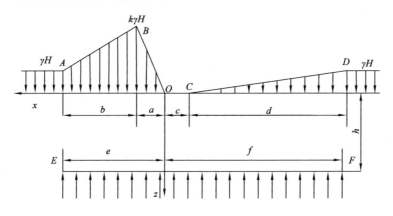

图 2-6　正常回采期间底板应力计算模型

沿煤层走向方向,图 2-6 中将正常回采期间工作面支承压力分为 5 段,分别为 AB、BO、CD、$-\infty\text{-}A$、$D\text{-}\infty$ 段,底板承压水水压为 EF 段,其中 EF、$-\infty\text{-}A$、$D\text{-}\infty$ 段

为均布载荷,经计算,AB、BO、CD 段支承压力表达式 $q_1(\xi)$、$q_2(\xi)$、$q_3(\xi)$为:

$$\begin{cases} q_1(\xi) = \dfrac{(1-k)\gamma H}{b}\xi + k\gamma H + \dfrac{a\gamma H(k-1)}{b} & \xi \in (a, a+b] \\[3mm] q_2(\xi) = \dfrac{k\gamma H}{a}\xi & \xi \in [0, a] \\[3mm] q_3(\xi) = \dfrac{-\gamma H}{d}\xi - \dfrac{c\gamma H}{d} & \xi \in (-c-d, -c] \end{cases}$$

$$(2\text{-}3)$$

2.2.2 底板岩体内应力计算

2.2.2.1 初采期间底板岩体内应力计算

(1) AB 段支承压力在底板岩体任意一点引起的应力

为简化公式长度,将 AB 段支承压力 $q_2(\xi)$ 用 $q_2(\xi) = A\xi + B$ 代替,代入式(2-2)得在 AB 段支承压力影响下底板岩体内任意一点的应力表达式:

$$\begin{cases} \sigma_{zAB} = \dfrac{1}{\pi}\left\{ \dfrac{z\{B(x-L-b) + A[x^2 + z^2 - x(L+b)]\}}{z^2 + (x-L-b)^2} - \right. \\[3mm] \qquad \dfrac{z[B(x-L) + A(x^2 + z^2 - xL)]}{z^2 + (x-L)^2} + (B + Ax) \\[3mm] \qquad \left. \left(\arctan\dfrac{x-L-b}{z} - \arctan\dfrac{x-L}{z}\right) \right\} \\[3mm] \sigma_{xAB} = \dfrac{1}{\pi}\left\{ (B+Ax)\left(\arctan\dfrac{x-L-b}{z} - \arctan\dfrac{x-L}{z}\right) + \right. \\[3mm] \qquad Az\ln\dfrac{z^2 + (x-L)^2}{z^2 + (x-L-b)^2} - \dfrac{zB(x-L-b)}{z^2 + (x-L-b)^2} + \\[3mm] \qquad \left. \dfrac{Az[x^2 + z^2 - x(L+b)]}{z^2 + (x-L-b)^2} + \dfrac{z[B(x-L) + A(x^2 + z^2 - xL]}{z^2 + (x-L)^2} \right\} \\[3mm] \tau_{zxAB} = \dfrac{1}{\pi}\left\{ -\dfrac{z^2[B + A(L+b)]}{z^2 + (x-L-b)^2} - Az\left(\arctan\dfrac{x-L-b}{z} - \right.\right. \\[3mm] \qquad \left.\left. \arctan\dfrac{x-L}{z}\right) + \dfrac{z^2(B+AL)}{z^2 + (x-L)^2} \right\} \end{cases}$$

$$(2\text{-}4)$$

其中:$A = \dfrac{(1-k)\gamma H}{b}$,$B = k\gamma H + \dfrac{L\gamma H(k-1)}{b}$。

同理依次求得受 BC、DE、EF、HI、$-\infty$-A、F-∞ 段支承压力及承压水水压影响的底板任意一点的应力分布,依次见式(2-5)～式(2-10)。

(2) BC 段支承压力在底板岩体内任意一点引起的应力

$$\sigma_{zBC} = \frac{1}{\pi}\left\{\frac{z[D(x-L)+C(x^2+z^2-xL)]}{z^2+(x-L)^2}+\right.$$

$$(D+Cx)\left(\arctan\frac{x-L}{z}-\arctan\frac{x-L+a}{z}\right)-$$

$$\left.\frac{z\{D(x-L+a)+C[x^2+z^2-x(L-a)]\}}{z^2+(x-L+a)^2}\right\}$$

$$\sigma_{xBC} = \frac{1}{\pi}\left\{(D+Cx)\left(\arctan\frac{x-L}{z}-\arctan\frac{x-L+a}{z}\right)-\right.$$

$$\frac{z[D(x-L)+C(x^2+z^2-xL)]}{z^2+(x-L)^2}+\frac{Dz(x-L+a)}{z^2+(x-L+a)^2}+ \qquad (2-5)$$

$$\left.\frac{Cz[(x^2+z^2-x(L-a)]}{z^2+(x-L+a)^2}+Cz\ln\frac{z^2+(x-L+a)^2}{z^2+(x-L)^2}\right\}$$

$$\tau_{zxBC} = \frac{1}{\pi}\left\{-\frac{z^2(D+CL)}{z^2+(x-L)^2}-Az\left(\arctan\frac{x-L}{z}-\right.\right.$$

$$\left.\left.\arctan\frac{x-L+a}{z}\right)+\frac{z^2[D+C(L-a)]}{z^2+(x-L+a)^2}\right\}$$

其中：$C=\dfrac{k\gamma H}{a}$，$D=k\gamma H(\dfrac{a-L}{a})$。

（3）DE 段支承压力在底板岩体内任意一点引起的应力

$$\sigma_{zDE} = \frac{1}{\pi}\left\{\frac{z\{F(x+L-a)+E[x^2+z^2-x(a-L)]\}}{z^2+(x+L-a)^2}+\right.$$

$$(F+Ex)\left(\arctan\frac{x+L-a}{z}-\arctan\frac{x+L}{z}\right)-$$

$$\left.\frac{z[F(x+L)+E(x^2+z^2+xL)]}{z^2+(x+L)^2}\right\}$$

$$\sigma_{xDE} = \frac{1}{\pi}\left\{(F+Ex)\left(\arctan\frac{x+L-a}{z}-\arctan\frac{x+L}{z}\right)-\right.$$

$$\frac{z[F(x+L-a)+E(x^2+z^2-x(a-L)]}{z^2+(x+L-a)^2}+$$

$$\left.\frac{z[F(x+L)+E(x^2+z^2+xL]}{z^2+(x+L)^2}+Ez\ln\frac{z^2+(x+L)^2}{z^2+(x+L-a)^2}\right\}$$

$$\tau_{zxDE} \frac{1}{\pi}\left\{-\frac{z^2[F+E(a-L)]}{z^2+(x+L-a)^2}-Ez\left(\arctan\frac{x+L-a}{z}-\right.\right.$$

$$\left.\left.\arctan\frac{x+L}{z}\right)+\frac{z^2(F-EL)}{z^2+(x+L)^2}\right\}$$

$$(2-6)$$

其中：$E=\dfrac{-k\gamma H}{a}$，$F=\dfrac{k\gamma H(a-L)}{a}$。

（4）EF 段支承压力在底板岩体内任意一点引起的应力

$$\begin{cases} \sigma_{zEF} = \dfrac{1}{\pi}\left\{ \dfrac{z[I(x+L)+G(x^2+z^2+xL)]}{z^2+(x+L)^2} + \right. \\ \qquad (I+Gx)\left(\arctan\dfrac{x+L}{z} - \arctan\dfrac{x+L+b}{z}\right) - \\ \qquad \left. \dfrac{z\{I(x+L+b)+G[x^2+z^2+x(L+b)]\}}{z^2+(x+L+b)^2} \right\} \\[2ex] \sigma_{xEF} = \dfrac{1}{\pi}\left\{ (I+Gx)\left(\arctan\dfrac{x+L}{z} - \arctan\dfrac{x+L+b}{z}\right) - \right. \\ \qquad \dfrac{z[I(x+L)+G(x^2+z^2+xL]}{z^2+(x+L)^2} + \dfrac{Iz(x+L+b)}{z^2+(x+L+b)^2} + \\ \qquad \left. \dfrac{Gz[x^2+z^2+x(L+b)]}{z^2+(x+L+b)^2} + Gz\ln\dfrac{z^2+(x+L+b)^2}{z^2+(x+L)^2} \right\} \\[2ex] \tau_{zxEF} = \dfrac{1}{\pi}\left\{ -\dfrac{z^2(I-GL)}{z^2+(x+L)^2} - Gz\left(\arctan\dfrac{x+L}{z} - \arctan\dfrac{x+L+b}{z}\right) + \right. \\ \qquad \left. \dfrac{z^2[I-G(L+b)]}{z^2+(x+L+b)^2} \right\} \end{cases}$$

(2-7)

其中：$G=\dfrac{(k-1)\gamma H}{b}$，$I=k\gamma H+\dfrac{L\gamma H(k-1)}{b}$。

（5）HI 段承压水水压在底板岩体内任意一点引起的应力

$$\begin{cases} \sigma_{zHI} = \dfrac{q}{\pi}\left[\dfrac{(h-z)(x-L-b)}{(h-z)^2+(x-L-b)^2} + \left(\arctan\dfrac{x-L-b}{h-z} - \right.\right. \\ \qquad \left.\left. \arctan\dfrac{x+L+b}{h-z}\right) - \dfrac{(h-z)(x+L+b)}{(h-z)^2+(x+L+b)^2} \right] \\[2ex] \sigma_{xHI} = \dfrac{q}{\pi}\left[\dfrac{(h-z)(x+L+b)}{(h-z)^2+(x+L+b)^2} + \left(\arctan\dfrac{x-L-b}{h-z} - \right.\right. \\ \qquad \left.\left. \arctan\dfrac{x+L+b}{h-z}\right) - \dfrac{(h-z)(x-L-b)}{(h-z)^2+(x-L-b)^2} \right] \\[2ex] \tau_{zxHI} = \dfrac{q(h-z)^2}{\pi}\left[\dfrac{1}{(h-z)^2+(x+L+b)^2} - \dfrac{1}{(h-z)^2+(x-L-b)^2} \right] \end{cases}$$

(2-8)

（6）$-\infty\text{-}A$ 段原岩应力在底板岩体内任意一点引起的应力

$$\begin{cases} \sigma_{zA} = \dfrac{-\gamma H}{\pi}\left[\dfrac{\pi}{2} + \dfrac{z(x-L-b)}{z^2+(x-L-b)^2} + \arctan\dfrac{x-L-b}{z} \right] \\[2ex] \sigma_{xA} = \dfrac{\gamma H}{\pi}\left[\dfrac{z(x-L-b)}{z^2+(x-L-b)^2} - \dfrac{\pi}{2} - \arctan\dfrac{x-L-b}{z} \right] \\[2ex] \tau_{zxA} = \dfrac{\gamma H z^2}{\pi[z^2+(x-L-b)^2]} \end{cases}$$

(2-9)

（7）F-∞ 段原岩应力在底板岩体内任意一点引起的应力

$$\begin{cases} \sigma_{zF} = \dfrac{-\gamma H}{\pi}\left[\dfrac{\pi}{2} - \dfrac{z(x+L+b)}{z^2+(x+L+b)^2} - \arctan\dfrac{x+L+b}{z}\right] \\[3mm] \sigma_{xF} = \dfrac{\gamma H}{\pi}\left[\dfrac{-z(x+L+b)}{z^2+(x+L+b)^2} + \arctan\dfrac{x+L+b}{z} - \dfrac{\pi}{2}\right] \\[3mm] \tau_{zxF} = \dfrac{-\gamma Hz^2}{\pi[z^2+(x+L+b)^2]} \end{cases} \quad (2\text{-}10)$$

根据弹性力学中的叠加原理，只需将式(2-4)～式(2-10)相对应的结果叠加，即为工作面初采期间底板岩体内任意一点的应力表达式，具体简化结果如下：

$$\begin{cases} \sigma_z = \sigma_{zAB} + \sigma_{zBC} + \sigma_{zDE} + \sigma_{zEF} + \sigma_{zHI} + \sigma_{zA} + \sigma_{zF} \\ \sigma_x = \sigma_{xAB} + \sigma_{xBC} + \sigma_{xDE} + \sigma_{xEF} + \sigma_{xHI} + \sigma_{xA} + \sigma_{xF} \\ \tau_{xz} = \tau_{xzAB} + \tau_{xzBC} + \tau_{xzDE} + \tau_{xzEF} + \tau_{xzHI} + \tau_{xzA} + \tau_{xzF} \end{cases} \quad (2\text{-}11)$$

2.2.2.2 正常回采期间底板岩体应力计算

（1）AB 段支承压力在底板岩体任意一点引起的应力

$$\begin{cases} \sigma_{zAB} = \dfrac{1}{\pi}\left\{ \dfrac{z\{B(x-a-b)+A[x^2+z^2-x(a+b)]\}}{z^2+(x-a-b)^2} + \right. \\[3mm] \qquad (B+Ax)\left(\arctan\dfrac{x-a-b}{z} - \arctan\dfrac{x-a}{z}\right) - \\[3mm] \qquad \left. \dfrac{z[B(x-a)+A(x^2+z^2-xa)]}{z^2+(x-a)^2} \right\} \\[3mm] \sigma_{xAB} = \dfrac{1}{\pi}\left\{ (B+Ax)\left(\arctan\dfrac{x-a-b}{z} - \arctan\dfrac{x-a}{z}\right) - \right. \\[3mm] \qquad \dfrac{z\{B(x-a-b)+A[x^2+z^2-x(a+b)]\}}{z^2+(x-a-b)^2} + \\[3mm] \qquad \left. \dfrac{z[B(x-a)+A(x^2+z^2-xa)]}{z^2+(x-a)^2} + Az\ln\dfrac{z^2+(x-a)^2}{z^2+(x-a-b)^2} \right\} \\[3mm] \tau_{zxAB} = \dfrac{1}{\pi}\left\{ -\dfrac{z^2[B+A(a+b)]}{z^2+(x-a-b)^2} - Az\left(\arctan\dfrac{x-a-b}{z} - \right.\right. \\[3mm] \qquad \left.\left. \arctan\dfrac{x-a}{z}\right) + \dfrac{z^2(B+Aa)}{z^2+(x-a)^2} \right\} \end{cases}$$

$$(2\text{-}12)$$

其中：$A = \dfrac{(1-k)\gamma H}{b}$，$B = k\gamma H + \dfrac{a\gamma H(k-1)}{b}$。

（2）BO 段支承压力在底板岩体内任意一点引起的应力

$$\begin{cases} \sigma_{zBO} = \dfrac{1}{\pi}\left[\dfrac{zC(x^2+z^2-xa)}{z^2+(x-a)^2}+Cx\left(\arctan\dfrac{x-a}{z}-\arctan\dfrac{x}{z}\right)-\right. \\ \qquad\left.\dfrac{zC(x^2+z^2)}{z^2+x^2}\right] \\ \sigma_{xBO} = \dfrac{1}{\pi}\left[Cx\left(\arctan\dfrac{x-a}{z}-\arctan\dfrac{x}{z}\right)-\dfrac{zC(x^2+z^2-xa)}{z^2+(x-a)^2}+\right. \\ \qquad\left.\dfrac{zC(x^2+z^2)}{z^2+x^2}+Cz\ln\dfrac{z^2+x^2}{z^2+(x-a)^2}\right] \\ \tau_{zxBO} = \dfrac{1}{\pi}\left[-\dfrac{z^2Ca}{z^2+(x-a)^2}-Cz\left(\arctan\dfrac{x-a}{z}-\arctan\dfrac{x}{z}\right)\right] \end{cases} \quad (2\text{-}13)$$

其中：$C=\dfrac{k\gamma H}{a}$。

（3）CD 段支承压力在底板岩体内任意一点引起的应力

$$\begin{cases} \sigma_{zCD} = \dfrac{1}{\pi}\left\{\dfrac{z[E(x+c)+D(x^2+z^2+xc)]}{z^2+(x+c)^2}+\right. \\ \qquad (E+Dx)\left(\arctan\dfrac{x+c}{z}-\arctan\dfrac{x+c+d}{z}\right)- \\ \qquad\left.\dfrac{z\{E(x+c+d)+D[x^2+z^2+x(c+d)]\}}{z^2+(x+c+d)^2}\right\} \\ \sigma_{xCD} = \dfrac{1}{\pi}\left\{(E+Dx)\left(\arctan\dfrac{x+c}{z}-\arctan\dfrac{x+c+d}{z}\right)-\right. \\ \qquad\dfrac{z[E(x+c)+D(x^2+z^2+cx)]}{z^2+(x+c)^2}+\dfrac{Ez(x+c+d)}{z^2+(x+c+d)^2}+ \\ \qquad\left.\dfrac{Dz[x^2+z^2+x(c+d)]}{z^2+(x+c+d)^2}+Dz\ln\dfrac{z^2+(x+c+d)^2}{z^2+(x+c)^2}\right\} \\ \tau_{zxCD} = \dfrac{1}{\pi}\left\{-\dfrac{z^2(E-Dc)}{z^2+(x+c)^2}-Dz\left(\arctan\dfrac{x+c}{z}-\arctan\dfrac{x+c+d}{z}\right)+\right. \\ \qquad\left.\dfrac{z^2[E-D(c+d)]}{z^2+(x+c+d)^2}\right\} \end{cases}$$

$$(2\text{-}14)$$

其中：$D=\dfrac{-\gamma H}{d}$，$E=-\dfrac{c\gamma H}{d}$。

（4）$-\infty$-A 段原岩应力在底板岩体内任意一点引起的应力

$$\begin{cases} \sigma_{zA} = \dfrac{-\gamma H}{\pi}\left[\dfrac{\pi}{2} + \dfrac{z(x-a-b)}{z^2+(x-a-b)^2} + \arctan\dfrac{x-a-b}{z}\right] \\[4mm] \sigma_{xA} = \dfrac{\gamma H}{\pi}\left[\dfrac{z(x-a-b)}{z^2+(x-a-b)^2} - \dfrac{\pi}{2} - \arctan\dfrac{x-a-b}{z}\right] \\[4mm] \tau_{zxA} = \dfrac{\gamma H z^2}{\pi[z^2+(x-a-b)^2]} \end{cases} \quad (2\text{-}15)$$

(5) D-∞ 段原岩应力在底板岩体内任意一点引起的应力

$$\begin{cases} \sigma_{zD} = \dfrac{-\gamma H}{\pi}\left[\dfrac{\pi}{2} - \dfrac{z[x+c+d)}{z^2+(x+c+d)^2} - \arctan\dfrac{x+c+d}{z}\right] \\[4mm] \sigma_{xD} = \dfrac{\gamma H}{\pi}\left[\dfrac{-z(x+c+d)}{z^2+(x+c+d)^2} + \arctan\dfrac{x+c+d}{z} - \dfrac{\pi}{2}\right] \\[4mm] \tau_{zxD} = \dfrac{-\gamma H z^2}{\pi[z^2+(x+c+d)^2]} \end{cases} \quad (2\text{-}16)$$

(6) EF 段承压水水压在底板岩体内任意一点引起的应力

$$\begin{cases} \sigma_{zEF} = \dfrac{q}{\pi}\left[\dfrac{(h-z)(x-e)}{(h-z)^2+(x-e)^2} + \left(\arctan\dfrac{x-e}{h-z} - \arctan\dfrac{x+f}{h-z}\right) - \right. \\[4mm] \left. \dfrac{(h-z)(x+f)}{(h-z)^2+(x+f)^2}\right] \\[4mm] \sigma_{xEF} = \dfrac{q}{\pi}\left[\dfrac{(h-z)(x+f)}{(h-z)^2+(x+f)^2} + \left(\arctan\dfrac{x-e}{h-z} - \arctan\dfrac{x+f}{h-z}\right) - \right. \\[4mm] \left. \dfrac{(h-z)(x-e)}{(h-z)^2+(x-e)^2}\right] \\[4mm] \tau_{zxEF} = \dfrac{q(h-z)^2}{\pi}\left[\dfrac{1}{(h-z)^2+(x+f)^2} - \dfrac{1}{(h-z)^2+(x-e)^2}\right] \end{cases}$$

$$(2\text{-}17)$$

将式(2-12)～式(2-17)相对应的结果叠加,即为正常回采期间底板岩层内任意一点的应力表达式,具体结果如下:

$$\begin{cases} \sigma_z = \sigma_{zAB} + \sigma_{zBO} + \sigma_{zCD} + \sigma_{zEF} + \sigma_{zA} + \sigma_{zD} \\[2mm] \sigma_x = \sigma_{xAB} + \sigma_{xBO} + \sigma_{xCD} + \sigma_{xEF} + \sigma_{xA} + \sigma_{xD} \\[2mm] \tau_{zx} = \tau_{zxAB} + \tau_{zxBO} + \tau_{zxCD} + \tau_{zxEF} + \tau_{zxA} + \tau_{zxD} \end{cases} \quad (2\text{-}18)$$

2.3 采场底板应力分布

2.3.1 初采期间底板应力分布计算分析

为计算方便,将原岩应力 γH 进化无量纲化处理后,其单位为1;支承压力

峰值距采面距离 $a=15$ m,支承压力影响范围 $b=50$ m,工作面推进距离为 $2(L-a)=50$ m,按照潘谢矿区某矿底板隔水层厚度 $h=24.25$ m,应力集中系数 $k=3$,横轴 25 m 为工作面前方煤壁,-25 m 为工作面后方煤壁,将上述具体数据代入式(2-11),应用数学分析软件 MathCAD 对沿工作面推进方向支承压力在底板中的应力分布进行分析,得出图 2-7 和图 2-8。

由初采期间垂直应力分布图及曲线可知:

(1)初次来压前的初采期间,采空区底板岩层内会形成卸压区,而在工作面两端煤体下方底板岩体内形成应力集中区,两区域以集中系数等于 1 的原岩应力等值线为界,但该等值线并非是过两端煤壁垂直于煤层的直线,而是深入煤体距煤壁约 3 m 向工作面采空区底板岩体倾斜的曲线。

(2)在工作面两端垂直应力等值线呈对称分布,随着底板深度增加,应力集中程度和卸压程度逐渐降低。

(3)工作面两端煤体下部底板的垂直应力等值线呈斜向煤体的"气泡形"分布特点,即随着底板深度的增加应力峰值减小,且所在位置逐渐远离工作面,距煤层底板 5 m、10 m、20 m、24 m 深处应力峰值距采面煤壁距离分别为 17.5 m、22 m、25 m、30 m,应力峰值分别为原岩应力的 3.094 倍、2.669 倍、2.469 倍、2.367 倍。

(4)采空区底板的卸压程度在工作面中部达到最大,距煤层底板 5 m、10 m、20 m、24 m 深处垂直应力值分别为原岩应力的 30.3%、39.4%、48.6%、57.2%。

由初采期间水平应力分布图及曲线可知:

(1)水平应力等值线分布特征与垂直应力等值线分布特征类似,但应力的集中程度和卸压程度衰减得较快,集中程度远小于工作面前方煤体下部底板垂直应力的集中程度,可见由工作面采动引起的水平应力对底板岩体稳定性的影响较小。

(2)工作面两端煤体下部底板的水平应力等值线也呈斜向煤体的"气泡形"分布特点,但影响范围较小。

(3)采空区底板岩体在 0~12 m 深度范围呈现卸压状态,大于 12 m 呈现增压状态,即出现水平应力集中现象,如 15 m、20 m、24 m 深处底板岩体水平应力为原岩应力的 1.16 倍、1.42 倍、1.6 倍。

由初采期间剪切应力分布图及曲线可知:

(1)在工作面推进方向上,靠近工作面采空区下方及工作面煤壁前方一定区域底板岩体内出现剪切应力,且呈完全对称的分布特点,其等值线呈"气泡形"分布,向采空区方向倾斜,剪切应力的存在会极大地削弱岩层的强度,引起底板的破坏。

(2)距工作面煤壁距离增大,剪切应力逐渐减小,如距工作面煤壁 35 m、

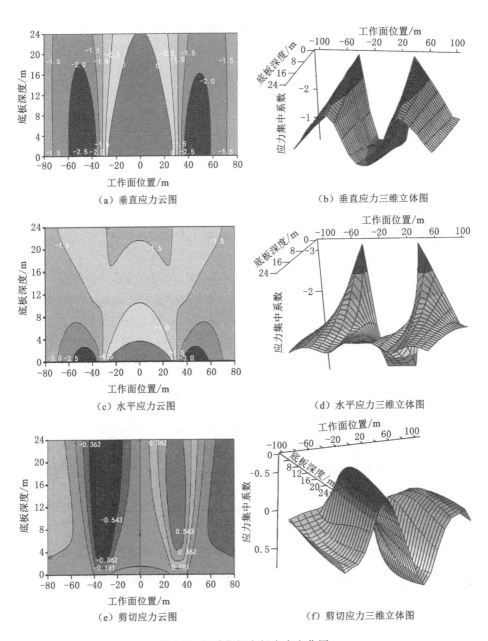

图 2-7　初采期间底板应力变化图

5 m 处底板岩层剪切应力仅为原岩应力的 16％。

（3）随着底板深度的增加，剪切应力逐渐增大，但增大的幅度较小，如煤壁附近深 5～30 m 处底板岩层的剪切应力为原岩应力的 50％～70％。

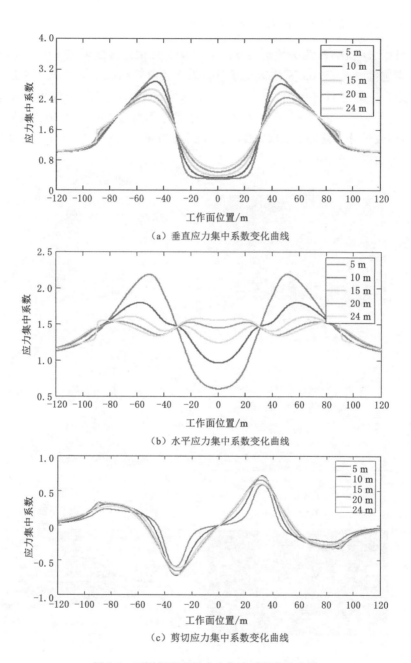

（a）垂直应力集中系数变化曲线

（b）水平应力集中系数变化曲线

（c）剪切应力集中系数变化曲线

图 2-8　不同深度底板应力集中系数变化曲线

2.3.2 正常回采期间底板应力分布计算分析

设原岩应力 γH 为无量纲的单位 1；设应力峰值距煤壁距离 $a=15$ m，支承压力影响范围 $b=50$ m，采空区支承压力为 0 区域 $c=10$ m，采空区支承压力恢复到原岩应力距离 $d=100$ m，底板隔水层厚度 $h=24.25$ m，应力集中系数 $k=3$，另外 $e=55$ m，$f=110$ m，横轴原点代表工作面推进位置，纵轴代表底板深度，应用数学分析软件 MathCAD 对正常回采期间底板岩层应力分布特征进行研究，得出图 2-9、图 2-10。

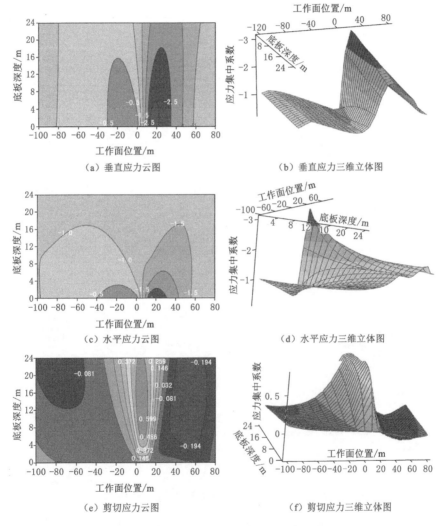

（a）垂直应力云图　　　　　　　（b）垂直应力三维立体图

（c）水平应力云图　　　　　　　（d）水平应力三维立体图

（e）剪切应力云图　　　　　　　（f）剪切应力三维立体图

图 2-9　正常回采期间工作面底板应力等值线图

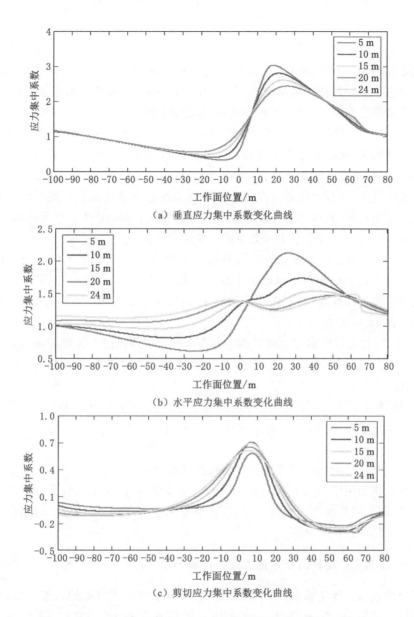

（a）垂直应力集中系数变化曲线

（b）水平应力集中系数变化曲线

（c）剪切应力集中系数变化曲线

图 2-10　正常回采期间工作面底板不同深度应力集中系数分布

由正常回采期间垂直应力分布图和曲线可知：

（1）在工作面后方采空区侧 80 m 范围内的底板岩体垂直应力集中系数小于 1，为应力降低区；其中 15 m 范围内自上而下 0～5 m 底板垂直应力接近 0，随着深度的增加，垂直应力逐渐增大，如采面后方 10 m 底板下 10 m、15 m、20 m、

24 m 深处的垂直应力分别为原岩应力的 41％、57％、68％、84％。

（2）在工作面煤壁前方 19～28 m 的范围,5～24 m 深处底板岩体垂直应力分别达到峰值,5 m、15 m、24 m 深处垂直应力峰值集中系数分别为 3、2.61、2.3,峰值位置分别位于煤壁前方 19 m、22.5 m、28 m。随着底板深度的增加,垂直应力峰值逐渐减小,其距工作面煤壁距离逐渐增大。

（3）和工作面超前支承压力分布类似,在工作面煤壁前方 70 m 底板岩体形成应力增高区;而在采空区下方较浅部分岩体形成应力降低区,工作面后方大于 85 m 范围的底板岩体逐渐达到或接近原岩应力。总之,正常回采期间,随着工作面连续推进,底板岩体垂直应力会出现急剧增高→急剧卸压→逐渐恢复到原岩应力三个阶段,具体形态表现为在竖直方向底板岩体会产生压缩和膨胀。

由正常回采期间水平应力分布图和曲线可知:

（1）在工作面后方采空区底板浅部岩层中水平应力呈卸压状态,0～40 m 范围内的底板岩体恢复至原始水平应力的深度范围为 0～16 m,且随着远离工作面其深度呈线性增加;工作面后方 40 m 以远水平应力集中系数为 1 的底板深度保持在 16 m 左右。

（2）工作面煤壁前方底板岩体水平应力的集中程度随着深度的增加而急剧衰减,距煤层底板 5 m、10 m、15 m、20 m 深处水平应力峰值分别为原岩应力的 2.1 倍、1.7 倍、1.5 倍、1.4 倍。

（3）和垂直应力相比,沿工作面推进方向,工作面底板岩体水平应力的集中程度远小于垂直应力,可以看出水平应力在底板中的传播对底板岩体的影响较小。

由正常回采期间剪切应力分布图和曲线可知:

在工作面煤壁前方 8 m 处剪切应力出现峰值,峰值集中系数为原岩应力的 70％,且随着底板深度的增大,峰值位置基本未发生变动,剪切应力等值线呈斜向采空区的"气泡形"分布。

2.3.3　正常回采期间底板主应力分布计算分析

根据底板岩体中垂直、水平、剪切应力计算公式和上节中的假设参数,另取现场煤层埋深为 500 m,底板岩体平均容重为 20 kN/m³,将式（2-18）中 σ_x、σ_z、τ_{xz} 代入式（1-5）即可求得底板岩体任意一点的最大、最小主应力。

图 2-11 和图 2-12 为正常回采期间采空区上覆岩层活动趋于稳定时底板不同深度最大、最小主应力分布。

由图 2-11 可知,正常回采期间,随着距煤层底板深度的增加,增压区内底板最大主应力逐渐减小,卸压区内底板最大主应力逐渐增大,但主应力分布范围未

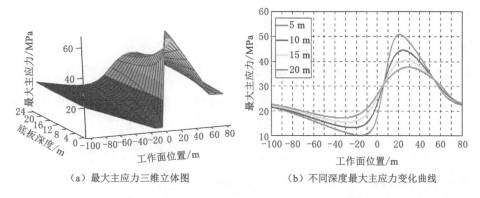

（a）最大主应力三维立体图　　　　（b）不同深度最大主应力变化曲线

图 2-11　底板岩体最大主应力分布特征

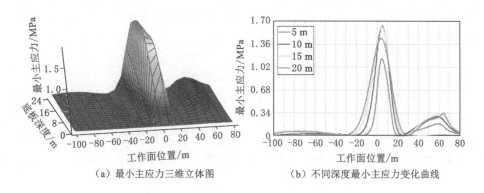

（a）最小主应力三维立体图　　　　（b）不同深度最小主应力变化曲线

图 2-12　底板岩体最小主应力分布特征

增大。增压区内距煤层底板 5 m、10 m、15 m、20 m 深处最大主应力分别为 50.75 MPa、44.46 MPa、40.4 MPa、37.6 MPa；卸压区内距采面煤壁 10 m 采空区距煤层底板 5 m、10 m、15 m、20 m 深处最大主应力分别为 10.652 MPa、15.218 MPa、18.629 MPa、21.046 MPa。采面煤壁前方 80 m 以远和后方 90 m 以远采空区最大主应力稳定在 22 MPa，可以看出原始最大主应力约为 22 MPa。

　　由图 2-12 可知，正常回采期间，底板不同深度最小主应力的分布曲线和最大主应力的分布曲线有很大区别。首先，最大主应力分布曲线和工作面煤层支承压力分布曲线类似，但最小主应力仅在煤壁附近急剧增大，在煤壁前方和后方采空区较小；其次最小主应力峰值离煤壁较近。工作面煤壁前方 30～70 m 的最小主应力大于采空区处的最小主应力。

2.4　底板破坏深度

2.4.1　底板岩体裂隙发育深度计算分析

推导出了底板岩体任意一点最大、最小主应力,根据摩尔-库仑准则,原岩的三轴抗压强度 σ_{1c} 表达式为:

$$\sigma_{1c} = \frac{2C\cos\varphi}{1-\sin\varphi} + \sigma_3 \frac{1+\sin\varphi}{1-\sin\varphi} \tag{2-19}$$

式中　C——黏聚力;

　　　φ——内摩擦角。

若已知黏聚力 C、内摩擦角 φ、最小主应力 σ_3 就可以计算出底板岩体内某点三轴抗压强度 σ_{1c},然后通过下式求得岩石强度指数 I,其中 σ_1 为最大主应力:

$$I = \frac{\sigma_1}{\sigma_{1c}} \tag{2-20}$$

一般认为岩石强度指数 $I > 1$ 时,岩石所属岩层就已经产生裂隙,由此可以预测判断底板岩体裂隙的发育深度。

选取内摩擦角 $\varphi = 35°$,黏聚力 $C = 3$ MPa,将各式代入式(2-19)和式(2-20)可得到后方采空区底板岩体各点岩石强度指数,具体如图 2-13 所示。

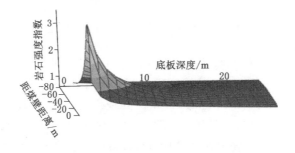

图 2-13　底板岩体岩石强度指数三维立体图

同时也可以计算出沿走向工作面不同位置底板岩体裂隙发育深度,具体结果如表 2-1 所列,表中"距煤壁距离"正值代表煤壁前方、负值代表煤壁采空区后方。根据表中数据画出了底板裂隙发育形态,如图 2-14 所示。

表 2-1　正常回采期间底板岩体裂隙发育深度

距煤壁距离/m	2.5	2	1.5	0	−2	−5	−10	−15	−20
裂隙发育深度/m	0	1.3	2.6	5	7	9.1	11.5	12.9	14
距煤壁距离/m	−25	−30	−35	−40	−45	−50	−55	−60	−65
裂隙发育深度/m	14.8	14.7	14	13.1	11.5	9	5.5	1	0

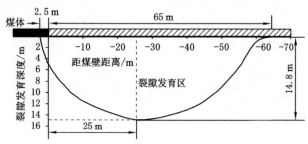

图 2-14　底板裂隙发育形态

2.4.2　影响底板岩体裂隙发育深度因素

根据式(1-5)、式(2-19)、式(2-20)可以求出底板岩体各点的岩石强度指数,进而分析底板裂隙发育深度。本节从内摩擦角、黏聚力、承压水水压、应力集中系数、峰值位置 5 个方面分析其对底板裂隙发育深度的影响。由以上章节分析可知,采面煤壁附近剪切应力大,容易引起底板岩层产生裂隙,其中距采面煤壁 25 m 左右底板裂隙发育深度达到最大值,所以本节选择距采面煤壁 25 m 采空区处来分析影响底板岩体裂隙发育深度的因素。

2.4.2.1　内摩擦角和黏聚力与底板裂隙发育深度的关系

岩石强度指数随内摩擦角变化曲线如图 2-15 所示,通过曲线拟合得到底板裂隙发育深度与内摩擦角之间的关系式。

从图 2-15 和图 2-16 中可以得出,底板裂隙发育深度随着内摩擦角的增大而逐渐增大,且呈幂指数关系,关系式为:

$$h = 3.092\,6e^{0.260\,8\varphi}, R^2 = 0.981\,9 \tag{2-21}$$

图 2-17 为底板裂隙发育深度与黏聚力拟合曲线,裂隙发育深度随着黏聚力的增大而呈线性增大,关系式为:

$$h = 0.268\,1C^2 - 0.174\,2C, R^2 = 0.996\,3 \tag{2-26}$$

式(2-21)和式(2-22)中:h 表示底板裂隙发育深度;φ 表示内摩擦角;C 表示黏聚力。R^2 反映拟合曲线的可靠程度,当趋势线的 R^2 等于或接近 1 时其可靠性越高。

上述关系可以说明底板岩性越强,其裂隙发育深度越大。

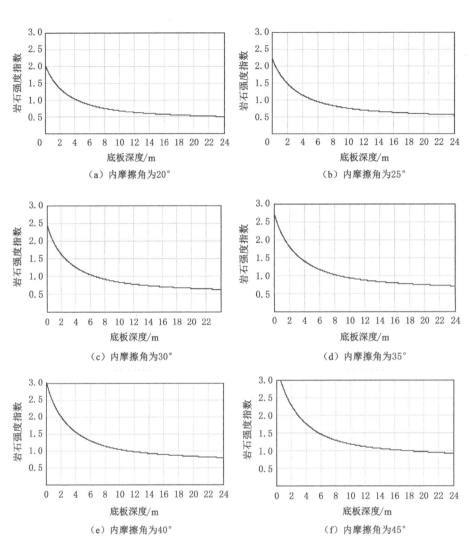

图 2-15　岩石强度指数随内摩擦角变化曲线

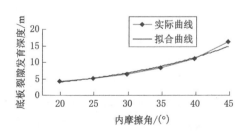

图 2-16　底板裂隙发育深度与内摩擦角拟合曲线

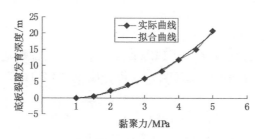

图 2-17　底板裂隙发育深度与黏聚力拟合曲线

2.4.2.2　承压水水压与底板裂隙发育深度的关系

随着承压水水压的变化,岩石强度指数变化曲线如图 2-18 所示。

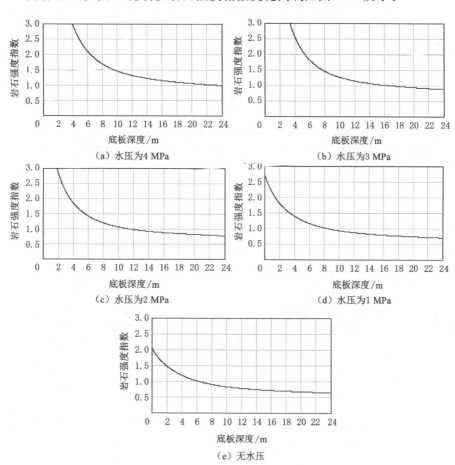

图 2-18　岩石强度指数随水压变化曲线

随着承压水水压的增大,底板裂隙发育深度在水压为 0～2 MPa 时缓慢增加,随后急剧增大,2 MPa 时底板裂隙发育深度为 10.8 m,3 MPa 时底板裂隙发育深度为 17 m,增加了 57.4%,4 MPa 时底板裂隙发育深度达 24 m。

由底板裂隙发育深度与承压水水压拟合曲线(图 2-19)得出两者之间的关系式如下:

$$h = 0.957\ 1p^2 - 1.282\ 9p + 6.54, R^2 = 0.997\ 6 \qquad (2\text{-}23)$$

式中:h 表示底板裂隙发育深度,p 表示承压水水压。

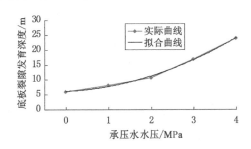

图 2-19　底板裂隙发育深度与承压水水压拟合曲线

2.4.2.3　支承压力集中系数与底板裂隙发育深度的关系

随着支承压力集中系数的变化,岩石强度指数变化曲线如图 2-20 所示。

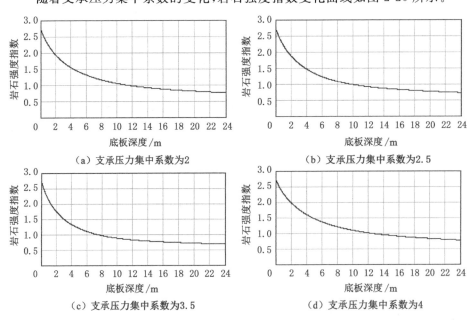

（a）支承压力集中系数为2　　　　　（b）支承压力集中系数为2.5

（c）支承压力集中系数为3.5　　　　　（d）支承压力集中系数为4

图 2-20　岩石强度指数随支承压力集中系数变化曲线

随着支承压力集中系数增大，底板裂隙发育深度呈现先降低后升高的趋势，支承压力集中系数为 2 和 4 的底板裂隙发育深度相当。由底板裂隙发育深度与支承压力集中系数拟合曲线（图 2-21）得出两者之间的关系式如下：

$$h = 1.525k^2 - 7.653k + 17.85, R^2 = 0.868\,8 \qquad (2\text{-}24)$$

式中：h 表示底板裂隙发育深度；k 表示支承压力集中系数。

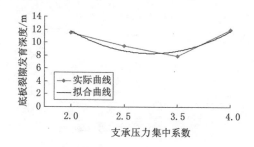

图 2-21　底板裂隙发育深度与支承压力集中系数拟合曲线

2.4.2.4　支承压力峰值位置与底板裂隙发育深度的关系

随着支承压力峰值距采面煤壁距离的变化，岩石强度指数变化曲线如图 2-22 所示。

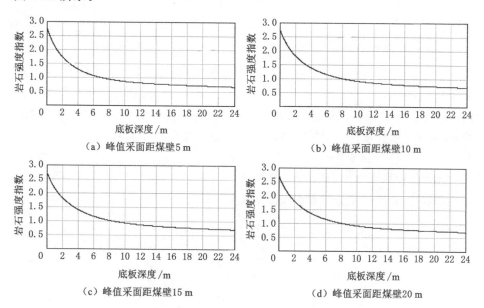

（a）峰值采面距煤壁 5 m

（b）峰值采面距煤壁 10 m

（c）峰值采面距煤壁 15 m

（d）峰值采面距煤壁 20 m

图 2-22　岩石强度指数随支承压力峰值位置变化曲线

随着支承压力峰值距采面煤壁距离的增大,底板裂隙发育深度呈现缓慢增长后稳定的分布特征。由底板裂隙发育深度与支承压力峰值距采面煤壁距离拟合曲线(图 2-23)得出两者之间的关系式如下:

$$h = 1.119\ 9\ln l + 6.727\ 7, R^2 = 0.964\ 8 \tag{2-25}$$

式中:h 表示底板裂隙发育深度,l 表示支承压力峰值距采面距离。

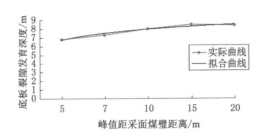

图 2-23   底板裂隙发育深度与支承压力峰值距采面煤壁距离拟合曲线

2.5   有无水压作用下采场底板应力分布特征

2.5.1   渗流原理

在实际的渗流过程中,由于孔隙流体压力的变化,一方面要引起多孔介质宏观有效应力变化,导致岩体渗透率、孔隙度等的变化;另一方面,这些变化又反过来影响孔隙流体的流动和压力的分布[108-113]。因此,在许多情况下,必须考虑孔隙流体在多孔介质中的流动规律及其对多孔介质本身的变形或者强度造成的影响,即考虑多孔介质内应力场与渗流场之间的水岩耦合作用。

2.5.1.1   渗流微分方程[108]

在岩体中取微分体,规定 z 轴坐标向上为正,应力以压应力为正,若体积力只考虑重力,则平衡微分方程为:

$$\begin{cases} \dfrac{\partial \sigma_x}{\partial x} + \dfrac{\partial \tau_{xy}}{\partial y} + \dfrac{\partial \tau_{zx}}{\partial z} = 0 \\[2mm] \dfrac{\partial \tau_{xy}}{\partial x} + \dfrac{\partial \sigma_y}{\partial y} + \dfrac{\partial \tau_{yz}}{\partial z} = 0 \\[2mm] \dfrac{\partial \tau_{zx}}{\partial x} + \dfrac{\partial \tau_{yz}}{\partial y} + \dfrac{\partial \sigma_z}{\partial z} = -\gamma \end{cases} \tag{2-26}$$

式中:γ 为岩石容重。

根据有效应力原理,总应力为有效应力与孔隙压力之和,且孔隙水不承受剪切应力,则式(2-26)可表示为：

$$\begin{cases} \dfrac{\partial \sigma'_x}{\partial x} + \dfrac{\partial \tau_{xy}}{\partial y} + \dfrac{\partial \tau_{zx}}{\partial z} + \dfrac{\partial u}{\partial x} = 0 \\[3mm] \dfrac{\partial \tau_{xy}}{\partial x} + \dfrac{\partial \sigma'_y}{\partial y} + \dfrac{\partial \tau_{yz}}{\partial z} + \dfrac{\partial u}{\partial y} = 0 \\[3mm] \dfrac{\partial \tau_{zx}}{\partial x} + \dfrac{\partial \tau_{yz}}{\partial y} + \dfrac{\partial \sigma'_z}{\partial z} + \dfrac{\partial u}{\partial z} = -\gamma \end{cases} \tag{2-23}$$

式中：$\dfrac{\partial u}{\partial x}$、$\dfrac{\partial u}{\partial y}$、$\dfrac{\partial u}{\partial z}$ 表示各方向的单位渗透力。

利用本构方程将式(2-27)中的应力用应变表示,用几何方程将应变表示为位移,就可以得出以位移和孔隙压力表示的平衡微分方程：

$$\begin{cases} G\,\nabla^2 w_x + \dfrac{G}{1-2v}\dfrac{\partial}{\partial x}\left(\dfrac{\partial w_x}{\partial x} + \dfrac{\partial w_y}{\partial y} + \dfrac{\partial w_z}{\partial z}\right) + \dfrac{\partial u}{\partial x} = 0 \\[3mm] G\,\nabla^2 w_y + \dfrac{G}{1-2v}\dfrac{\partial}{\partial y}\left(\dfrac{\partial w_x}{\partial x} + \dfrac{\partial w_y}{\partial y} + \dfrac{\partial w_z}{\partial z}\right) + \dfrac{\partial u}{\partial y} = 0 \\[3mm] G\,\nabla^2 w_z + \dfrac{G}{1-2v}\dfrac{\partial}{\partial z}\left(\dfrac{\partial w_x}{\partial x} + \dfrac{\partial w_y}{\partial y} + \dfrac{\partial w_z}{\partial z}\right) + \dfrac{\partial u}{\partial z} = -\gamma \\[3mm] \nabla^2 = \dfrac{\partial^2}{\partial x^2} + \dfrac{\partial^2}{\partial y^2} + \dfrac{\partial^2}{\partial z^2} \end{cases} \tag{2-28}$$

通过 x、y、z 面的单位流量分别是：

$$\begin{cases} q_x = -\dfrac{k_x}{\gamma_w}\dfrac{\partial u}{\partial x} \\[3mm] q_y = -\dfrac{k_y}{\gamma_w}\dfrac{\partial u}{\partial y} \\[3mm] q_z = -\dfrac{k_z}{\gamma_w}\dfrac{\partial u}{\partial z} \end{cases} \tag{2-29}$$

式中：k_x、k_y、k_z 为三个方向的渗透系数；γ_w 为水的容重。

根据岩石连续性,单位时间单元岩体的压缩量应等于流过单元体表面的流量变化之和,即有：

$$-\frac{\partial}{\partial t}\left(\frac{\partial w_x}{\partial x} + \frac{\partial w_y}{\partial y} + \frac{\partial w_z}{\partial z}\right) + \frac{1}{\gamma_w}\left(\frac{\partial^2 u}{\partial x^2} + \frac{\partial^2 u}{\partial y^2} + \frac{\partial^2 u}{\partial z^2}\right) = 0 \tag{2-30}$$

联立式(2-28)和式(2-30)有：

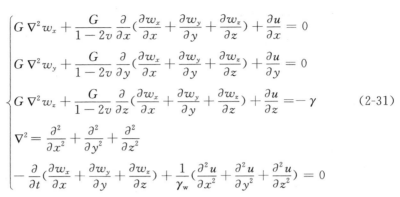

$$\begin{cases} G\,\nabla^2 w_x + \dfrac{G}{1-2v}\dfrac{\partial}{\partial x}\left(\dfrac{\partial w_x}{\partial x}+\dfrac{\partial w_y}{\partial y}+\dfrac{\partial w_z}{\partial z}\right)+\dfrac{\partial u}{\partial x}=0 \\[2mm] G\,\nabla^2 w_y + \dfrac{G}{1-2v}\dfrac{\partial}{\partial y}\left(\dfrac{\partial w_x}{\partial x}+\dfrac{\partial w_y}{\partial y}+\dfrac{\partial w_z}{\partial z}\right)+\dfrac{\partial u}{\partial y}=0 \\[2mm] G\,\nabla^2 w_z + \dfrac{G}{1-2v}\dfrac{\partial}{\partial z}\left(\dfrac{\partial w_x}{\partial x}+\dfrac{\partial w_y}{\partial y}+\dfrac{\partial w_z}{\partial z}\right)+\dfrac{\partial u}{\partial z}=-\gamma \\[2mm] \nabla^2=\dfrac{\partial^2}{\partial x^2}+\dfrac{\partial^2}{\partial y^2}+\dfrac{\partial^2}{\partial z^2} \\[2mm] -\dfrac{\partial}{\partial t}\left(\dfrac{\partial w_x}{\partial x}+\dfrac{\partial w_y}{\partial y}+\dfrac{\partial w_z}{\partial z}\right)+\dfrac{1}{\gamma_w}\left(\dfrac{\partial^2 u}{\partial x^2}+\dfrac{\partial^2 u}{\partial y^2}+\dfrac{\partial^2 u}{\partial z^2}\right)=0 \end{cases} \tag{2-31}$$

式(2-31)便是比奥固结方程,包含 4 个偏分方程的微分方程组,也包含 4 个未知量 w_x、w_y、w_z、u,在一定初始条件和边界条件下,可解出这 4 个变量。

2.5.1.2　FLAC3D 中流固耦合原理[114]

FLAC3D 中耦合的变形——扩散过程的增量表达式对线性准静态比奥固结理论提供了数值方法,对应于 FLAC3D 数值实现的控制微分方程有:

(1)平衡方程:

$$\begin{cases} -q_{i,j}+q_v=\dfrac{\partial \zeta}{\partial t} \\[2mm] \dfrac{\partial \zeta}{\partial t}=\dfrac{1}{M}\dfrac{\partial p}{\partial t}+\alpha\dfrac{\partial \varepsilon}{\partial t}-\beta\dfrac{\partial T}{\partial t} \end{cases} \tag{2-32}$$

式中　$q_{i,j}$——渗流速度,m/s;

　　　q_v——被测体积的流体源强度,1/s;

　　　ζ——单位体积孔隙介质的流体体积变化量;

　　　M——比奥模量,N/m²;

　　　p——孔隙压力,MPa;

　　　α——比奥系数;

　　　ε——体积应变;

　　　T——温度,℃;

　　　β——考虑流体和颗粒热膨胀系数,1/℃。

(2)运动方程:

$$q_i=-k(p-\rho_f x_j g_j) \tag{2-33}$$

式中　k——介质的渗透系数,m²/(Pa·s);

　　　ρ_f——流体密度,kg/m³;

　　　g_j——重力加速度的三个分量,m/s²。

(3)本构方程:

$$\Delta \widetilde{\sigma_{ij}} + \alpha \Delta p = H_{ij}^{*}(\sigma_{ij}, \Delta \varepsilon_{ij}) \tag{2-34}$$

式中　$\Delta \widetilde{\sigma_{ij}}$——应力增量；

　　　H_{ij}^{*}——给定函数；

　　　ε_{ij}——总应变；

　　　$\Delta \varepsilon_{ij}$——应变增量。

（4）相容方程：

$$\dot{\varepsilon_{ij}} = \frac{v_{ij} + v_{ji}}{2} \tag{2-35}$$

式中　v_{ij}, v_{ji}——介质中某点的速度；

　　　$\dot{\varepsilon_{ij}}$——总应变对时间的导数。

（5）连续性方程：

$$\frac{n}{s}\frac{\partial s}{\partial t} + \frac{1}{M}\frac{\partial p}{\partial t} = \frac{1}{s}(-q_{i,j} - q_v) - \alpha\frac{\partial \varepsilon}{\partial t} \tag{2-36}$$

2.5.2　数值模型的建立与分析

淮南矿业集团潘谢矿区 A 组煤主采 A1 和 A3 两层，煤层倾角平均为 10°，A1 煤层煤厚为 1.56～7.77 m，平均煤厚为 2.8 m；A3 煤层煤厚为 2.09～9.17 m，平均煤厚为 5.8 m。两煤层层间距为 1～5 m，局部合并为一层。在煤层底板含有太原组灰岩和奥陶系灰岩的强含水层，其中距 A3 煤层底板 35.5 m 处太原组灰岩水 C_3^3（下）为强含水层，对 A 组煤开采具有潜在的水害威胁。C_3^3（下）含水层厚 6.3 m，水压为 4.0～5.0 MPa。考虑到厚煤层开采对底板破坏较大，A3 煤层分层开采，上分层层厚为 3.0 m，工作面倾斜长度为 120 m。A3 煤层工作面布置如图 2-24 所示，顶底板各岩层物理力学性质如表 2-2 所列。

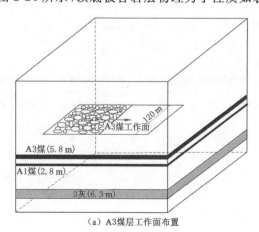

（a）A3煤层工作面布置

图 2-24　A3 煤层工作面布置及顶底板岩性图

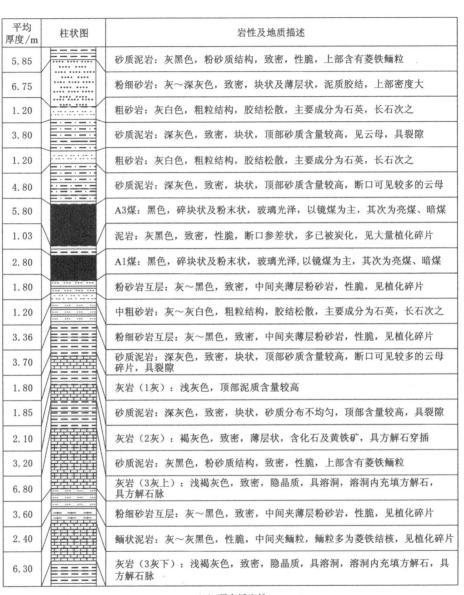

平均厚度/m	柱状图	岩性及地质描述
5.85		砂质泥岩：灰黑色，粉砂质结构，致密，性脆，上部含有菱铁鲕粒
6.75		粉细砂岩：灰～深灰色，致密，块状及薄层状，泥质胶结，上部密度大
1.20		粗砂岩：灰白色，粗粒结构，胶结松散，主要成分为石英，长石次之
3.80		砂质泥岩：深灰色，致密，块状，顶部砂质含量较高，见云母，具裂隙
1.20		粗砂岩：灰白色，粗粒结构，胶结松散，主要成分为石英，长石次之
4.80		砂质泥岩：深灰色，致密，块状，顶部砂质含量较高，断口可见较多的云母
5.80		A3煤：黑色，碎块状及粉末状，玻璃光泽，以镜煤为主，其次为亮煤、暗煤
1.03		泥岩：灰黑色，致密，性脆，断口参差状，多已被炭化，见大量植化碎片
2.80		A1煤：黑色，碎块状及粉末状，玻璃光泽，以镜煤为主，其次为亮煤、暗煤
1.80		粉砂岩互层：灰～黑色，致密，中间夹薄层粉砂岩，性脆，见植化碎片
1.20		中粗砂岩：灰～灰白色，粗粒结构，胶结松散，主要成分为石英，长石次之
3.36		粉细砂岩互层：灰～黑色，致密，中间夹薄层粉砂岩，性脆，见植化碎片
3.70		砂质泥岩：深灰色，致密，块状，顶部砂质含量较高，断口可见较多的云母碎片，具裂隙
1.80		灰岩（1灰）：浅灰色，顶部泥质含量较高
1.85		砂质泥岩：深灰色，致密，块状，砂质分布不均匀，顶部含量较高，具裂隙
2.10		灰岩（2灰）：褐灰色，致密，薄层状，含化石及黄铁矿，具方解石穿插
3.20		砂质泥岩：灰黑色，粉砂质结构，致密，性脆，上部含有菱铁鲕粒
6.80		灰岩（3灰上）：浅褐灰色，致密，隐晶质，具溶洞，溶洞内充填方解石，具方解石脉
3.60		粉细砂岩互层：灰～黑色，致密，中间夹薄层粉砂岩，性脆，见植化碎片
2.40		鲕状泥岩：灰～灰黑色，性脆，中间夹鲕粒，鲕粒多为菱铁结核，见植化碎片
6.30		灰岩（3灰下）：浅褐灰色，致密，隐晶质，具溶洞，溶洞内充填方解石，具方解石脉

（b）顶底板岩性

图 2-24（续）

表 2-2　顶底板各岩层物理力学参数

岩层	密度/(kg/m³)	弹性模量/GPa	泊松比	黏聚力/MPa	摩擦角/(°)	抗拉强度/MPa	渗透系数/(m/s)
砂质泥岩	2 467	1.6	0.36	1.8	30	0.8	6×10⁻⁸
粉砂岩	2 531	3.2	0.32	2.3	31	1.0	5×10⁻⁷
粗砂岩	2 602	8.3	0.21	5.3	35	2.1	4×10⁻⁶
煤	1 320	1.0	0.39	1.2	26	0.4	1×10⁻⁷
泥岩	2 368	1.3	0.35	1.6	31	0.7	2×10⁻⁸
细砂岩	2 545	7.2	0.24	4.2	32	2.2	3×10⁻⁶
灰岩	2 680	6.4	0.26	4.4	33	2.1	1×10⁻⁵

　　针对潘谢矿区 A 组煤赋存条件,对比研究有无水压作用下采场底板应力分布特征,图 2-25 反映工作面长 120 m,无水压条件下推进 40 m、80 m、120 m 时最大主应力分布情况;图 2-26 反映工作面长 120 m、水压 5 MPa 时工作面推进 40 m、80 m、120 m 时最大主应力分布情况。

（a）推进40 m

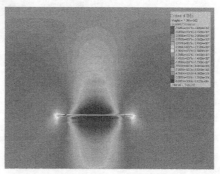

（b）推进80 m

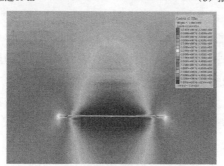

（c）推进120 m

图 2-25　无承压水条件下采场围岩应力分布

 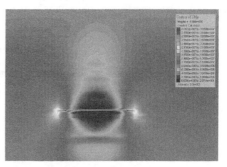

（a）推进40 m　　　　　　　　　　　（b）推进80 m

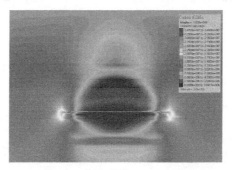

（c）推进120 m

图 2-26　有承压水(5 MPa)条件下采场围岩应力分布

　　为表现有无水压作用下底板岩层受力及其分布规律,分别在靠近端头处及工作面中间位置布置两条测线,用于监测由煤层底板开始竖直向下 65 m 范围内底板岩层最大主应力变化趋势。

　　煤层开采后采空区上下围岩均出现一定范围、一定程度的压力释放,随开采范围的增加,采场顶底板卸压范围不断增大。对底板而言,最大主应力呈一定下降梯度向下发展,这种趋势是渐进、连续的,表现在应力值上为一条由煤层底板向深部不断增加的曲线,如图 2-27 中两条无水压作用曲线;对比承压水存在时底板应力变化规律发现,受采动影响,工作面中间位置测线在底板一定范围内出现明显卸压,但由于含水层的存在,水岩耦合作用下应力又明显提高,而随着与底板距离增加又开始下降,底板应力呈由低到高再降低的变化过程,具体如图2-27(a)所示。采场端头位置竖向测线在底板一定范围亦呈最大主应力由低变高的趋势,表现出岩层受采动破坏由不能承载到承载过程,承载集中区向下应力开始下降后受水岩耦合作用又出现上升趋势,随着与煤层距离加大,有、无水压作用的两条应力曲线归于重合，如图 2-27(b)所示，。

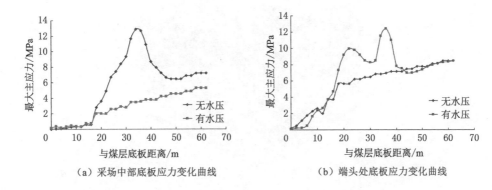

（a）采场中部底板应力变化曲线 （b）端头处底板应力变化曲线

图 2-27 有、无底板水情况下底板最大主应力变化曲线

2.6 水-岩耦合作用下采场底板受力分析

承压水作用下采场底板变形破坏受围岩性质、面长、水压、采高、地应力等诸多因素影响，当工作面地质条件确定时，水压、面长、采高成为影响采场安全的关键因素。以 A 组煤工作面赋存条件及顶底板岩性条件，分析面长 120 m、160 m、200 m，水压 1 MPa、3 MPa、5 MPa，采高 3.0 m 时采场底板不同层位受力变形情况。

2.6.1 数值模型建立

本次建立的模型尺寸为长 280 m、宽 280 m、高 142 m。模型共划分为 210 112 个单元，采用莫尔-库仑屈服准则，各层位煤岩体物理力学参数见表 2-2。模型边界条件为：前、后、左、右边界条件 x，y 方向固定，底部为全约束边界；模型顶部边界以一定的载荷等效上层 340 m 的岩（土）层自重，岩土层平均密度取为 1 850 kg/m³；应力场按照自重应力场来模拟，岩体垂直应力 σ_z 按岩体自重（$\sigma_z = \gamma H$）和承压水压力计算；岩层的水平应力 σ_x 和 σ_y 根据 $0.45\sigma_z$ 计算得到。渗流边界条件为：底部采用固定水压边界模拟灰岩含水层的承压水，其余为隔水边界。工作面开采后采空区为排水边界，不考虑采空区有水，其边界取固定水压为 0。数值计算模型如图 2-28 所示。

图 2-28　数值计算模型

2.6.2　不同面长及水压作用下底板应力场分布规律

2.6.2.1　最大主应力分布规律

针对工作面长 120 m、160 m、200 m，底板水压 1 MPa、3 MPa、5 MPa 进行模拟，分析采场最大主应力分布规律，如图 2-29～图 2-31 所示。

面长为 120 m 时，对比 1 MPa、3 MPa、5 MPa 底板承压水作用下最大主应力分布规律可知：水压为 1 MPa 时，含水层内最大主应力为 3 MPa 左右，且在整个含水层范围内变化幅度不大；水压为 3 MPa 时，含水层对应工作面中间位置最大主应力接近 9 MPa，向两侧逐渐减小到 5～6 MPa；水压为 5 MPa 时，含水层对应工作面中间位置最大主应力为 12～13 MPa，向两侧逐渐减小到 5～6 MPa。由此可见含水层层位采场对应中间位置处最大主应力较高，其上下区域最大主应力均有所降低。

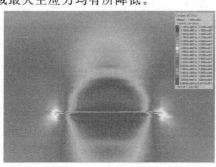

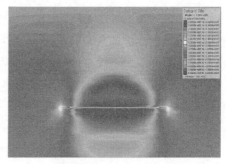

（a）水压为 1 MPa　　　　　　　　　　（b）水压为 3 MPa

图 2-29　面长 120 m 推进 120 m 时最大主应力分布图

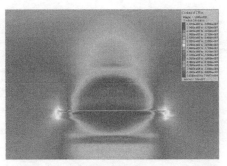

（c）水压3 MPa

图 2-29（续）

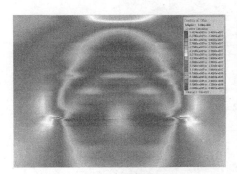

（a）水压为1 MPa

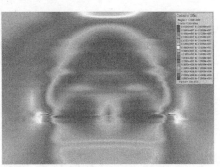

（b）水压为3 MPa

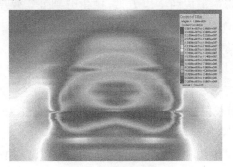

（c）水压为5 MPa

图 2-30　面长 160 m 推进 160 m 时最大主应力分布图

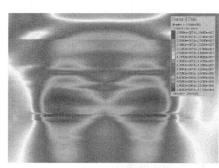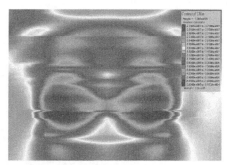

（a）水压为1 MPa （b）水压为3 MPa

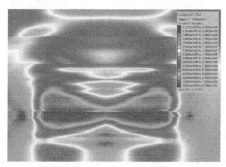

（c）水压为5 MPa

图 2-31　面长 200 m 推进 200 m 时最大主应力分布图

　　工作面长度为 160 m 时,水压及采动应力作用下,采场顶底板岩层相对移动变形量增大,并在工作面中部一定范围形成压实区,从最大主应力分布图看,采场底板大的卸压带内形成两个应力拱,拱角分别处于煤壁与采空区中部压实带,如图 2-30(a)、(b)所示。当水压升高到 5 MPa 时,顶底板相对位移量中底鼓量所占比例增加,煤层上覆岩层下沉量减小,致使顶板岩层应力集中,如图 2-30(c)所示。采场底板亦出现相对应的最大主应力分区特征,煤壁与采空区中部压实带所对应的底板区域形成明显降压区,如图 2-30(a)、(b)所示,水压为 5 MPa 时,底板明显降压区范围均高于以上两种状态,如图 2-30(c)所示。水压为 1 MPa 时,含水层内最大主应力为 3.6~3.9 MPa;水压为 3 MPa 时,含水层对应工作面中间位置最大主应力接近 9.7 MPa,向两侧逐渐减小到 6 MPa;水压为 5 MPa 时,含水层对应工作面中间位置最大主应力接近 9.6~9.9 MPa,向两侧逐渐增大到 12~13 MPa。

　　面长为 200 m 时,采场围岩最大主应力分区特征更加明显,顶板岩层由于垮落范围增加,采空区内充填更密实,形成明显的压实区及未压实区。对于底板而言,垮落矸石对底板压力的增加致使含水层内最大主应力进一步增大,水压为 1 MPa 时,含水层内最大主应力为 10 MPa,向两侧逐渐降低到 4.2~6.6 MPa;水压为 3 MPa 时,含水层对应工作面中间位置最大主应力接近 18 MPa,向两侧逐渐减小到 11 MPa;水压为 5 MPa 时,含水层对应工作面中间位置最大主应力接近 16 MPa,向两侧逐渐减小到 12 MPa。

2.6.2.2 垂直应力分布规律

针对工作面长 120 m、160 m、200 m,底板水压 1 MPa、3 MPa、5 MPa 进行模拟,分析垂直应力分布规律,结果如图 2-32~图 2-34 所示。

（a）水压为1 MPa

（b）水压为3 MPa

（c）水压为5 MPa

图 2-32　面长 120 m 推进 120 m 时垂直应力分布图

面长为 120 m 时,煤层开采后受采动应力影响,底板一定范围内形成卸压区,但随水压的增大,底板充分卸压范围逐渐减小。水压为 1 MPa 时,充分卸压范围为煤层底板向下 26.4 m,该范围内垂直应力为 0~0.12 MPa;水压为 3 MPa 时,充分卸压范围为煤层底板向下 17.6 m,该范围内垂直应力为 0~ 0.1 MPa;水压为 5 MPa 时,充分卸压范围为煤层底板向下 15.3 m,该范围内垂直应力为 0~0.12 MPa。这说明随水压的增大,底板岩层受水岩耦合作用越来

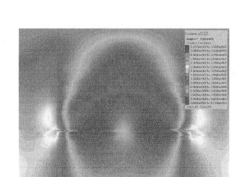

（a）水压为1 MPa （b）水压为3 MPa

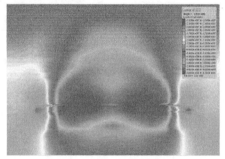

（c）水压为5 MPa

图 2-33　面长 160 m 推进 160 m 时垂直应力分布图

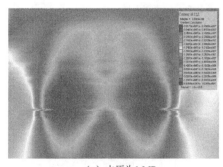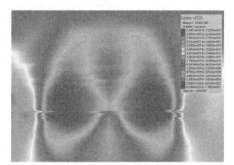

（a）水压为1 MPa （b）水压为3 MPa

图 2-34　面长 200 m 推进 200 m 时垂直应力分布图

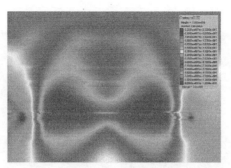

（c）水压为5 MPa

图 2-34（续）

越明显,受采动影响原岩应力降低区域由于水压作用使其内应力又重新升高,进而造成充分卸压范围垂直应力随水压的增大而减小。

通过垂直应力分布规律可以看出,工作面长度为 160 m 时,采场明显分为中部的应力增高区(压实区)及两侧的应力降低区(未压实不平衡区)。水压为 1 MPa、3 MPa 时,大的卸压带内部形成一个应力集中区,以承载其上覆卸压带内岩体压力;水压为 5 MPa 时,采场两侧不平衡岩层发育高度更高,要求支架提供的工作阻力更大。底板一定范围内形成卸压区,但随水压的增大,底板充分卸压范围逐渐减小,对比面长 120 m 时的情况可知,底板采动破坏区由于水岩耦合作用,尤其采场中部已破坏岩层由于应力增加,致使裂隙不同程度闭合并重新开始承载。水压为 1 MPa 时,充分卸压范围为煤层底板向下 22.3 m,该范围内垂直应力为 0～0.097 MPa;水压为 3 MPa 时,充分卸压范围为煤层底板向下 16.4 m,该范围内垂直应力为 0～0.078 MPa;水压为 5 MPa 时,充分卸压范围为煤层底板向下 14.6 m,该范围内垂直应力为 0～0.063 MPa。

面长为 200 m 时,底板垂直应力分区现象更为明显,水压为 1 MPa 时,充分卸压范围为煤层底板向下 24.6 m,该范围内垂直应力为 0～0.01 MPa;水压为 3 MPa 时,充分卸压范围为煤层底板向下 25.4 m,该范围内垂直应力为 0～0.13 MPa;水压为 5 MPa 时,充分卸压范围为煤层底板向下 25.6 m,该范围内垂直应力为 0～0.1 MPa。

2.6.2.3　孔隙水压力分规律

针对工作面长 120 m、160 m、200 m,底板水压 1 MPa、3 MPa、5 MPa 进行模拟,分析孔隙水压力分布规律,结果如图 2-35～图 2-37 所示。

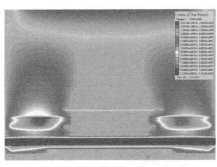

（a）水压为1 MPa

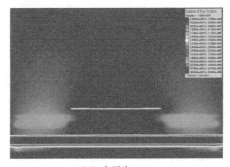

（b）水压为3 MPa

（c）水压为5 MPa

图 2-35　面长 120 m 推进 120 m 时孔隙水压力分布规律

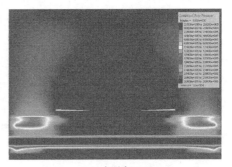

（a）水压为1 MPa　　　　　　　　　　　　（b）水压为3 MPa

图 2-36　面长 160 m 推进 160 m 时孔隙水压力分布规律

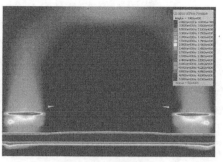

（c）水压为5 MPa

图 2-36（续）

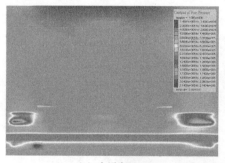

（a）水压为1 MPa

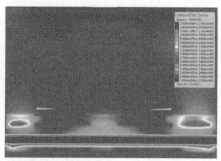

（b）水压为3 MPa

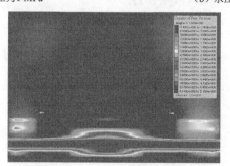

（c）水压为5 MPa

图 2-37　面长 200 m 推进 200 m 时孔隙水压力分布规律

　　面长为 120 m 时，采场孔隙水压力主要集中分布在上、下端头一定范围内，而工作面顶板、底板受采动应力影响变形、破坏，一方面使得荷载降低，另一方面使得该范围内岩层渗透率增加，孔隙水压力基本为零。水压为 1 MPa

时,两端头对应底板 10～15 m 范围孔隙水压力为 0.18～0.30 MPa;水压为 3 MPa时,孔隙水压力为 0.38～0.60 MPa;水压为 5 MPa 时,孔隙水压力为 0.8～1.1 MPa。

面长为 160 m 时,水压为 1 MPa 时,两端头对应底板 10～15 m 范围孔隙水压力为 0.26～0.40 MPa;水压为 3 MPa 时,该范围孔隙水压力为 0.6～0.9 MPa;水压为 5 MPa 时,该范围孔隙水压力降为 0,说明承压水与两端头破坏区沟通,使该区域无法承载水压。

面长为 200 m 时,水压为 1 MPa 时,两端头对应底板 10～15 m 范围孔隙水压力为 0.2～0.3 MPa;水压为 3 MPa 时,该范围孔隙水压力为 0.46～0.60 MPa;水压为 5 MPa 时,该范围孔隙水压力降为 0,说明使该区域破坏无法承载水压。

2.6.2.4　底板不同层位应力分布规律

针对工作面长 120 m、160 m、200 m,底板水压 1 MPa、3 MPa、5 MPa 进行模拟,分析底板不同岩层应力分布规律,结果如图 2-38～图 2-46 所示。

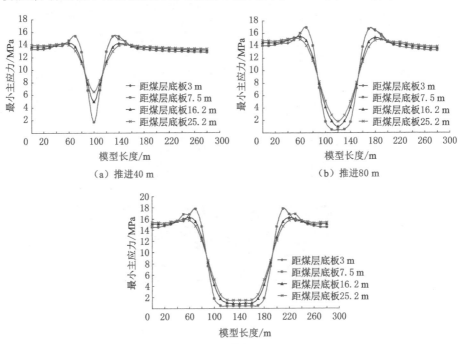

图 2-38　面长 120 m、水压 1 MPa 时底板受力

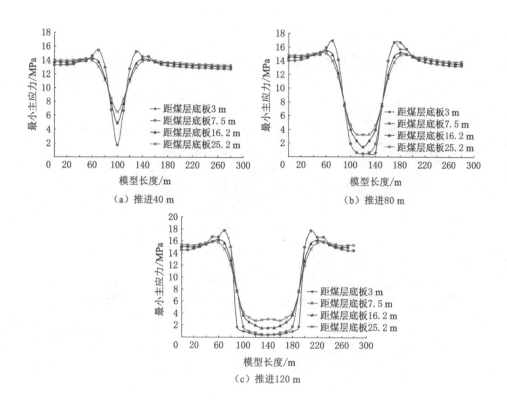

图 2-39　面长 120 m、水压 3 MPa 时底板受力

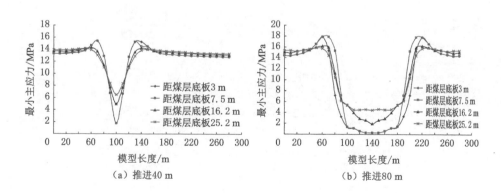

图 2-40　面长 120 m、水压 5 MPa 时底板受力

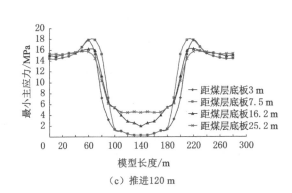

（c）推进120 m

图 2-40（续）

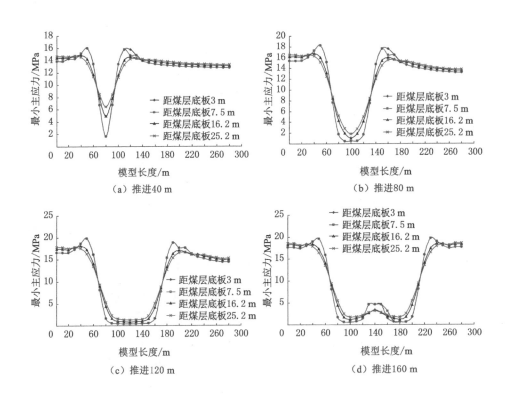

（a）推进40 m

（b）推进80 m

（c）推进120 m

（d）推进160 m

图 2-41　面长 160 m、水压 1 MPa 时底板受力

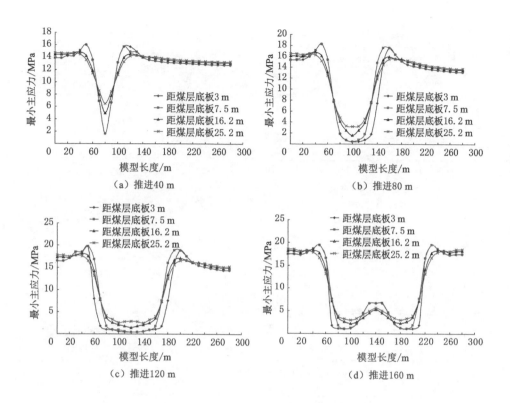

图 2-42　面长 160 m、水压 3 MPa 时底板受力

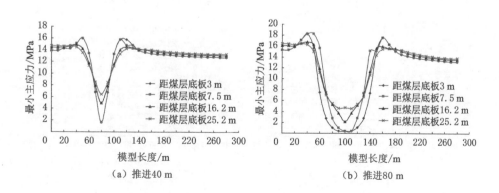

图 2-43　面长 160 m、水压 5 MPa 时底板受力

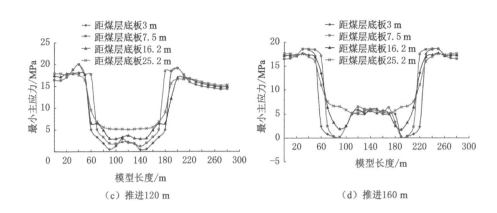

（c）推进120 m　　　　　　（d）推进160 m

图 2-43（续）

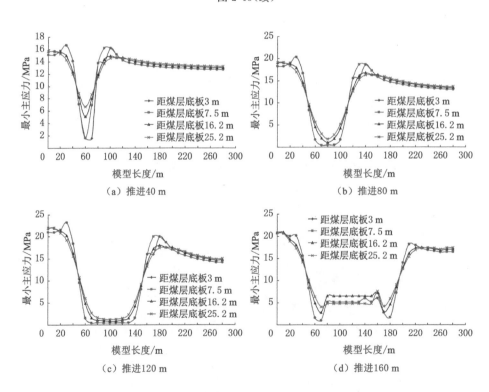

（a）推进40 m　　　　　　（b）推进80 m

（c）推进120 m　　　　　　（d）推进160 m

图 2-44　面长 200 m、水压 1 MPa 时底板受力

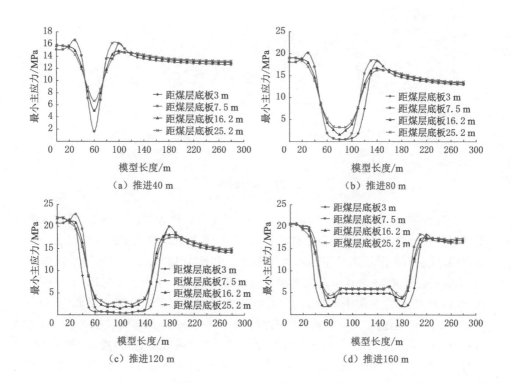

图 2-45　面长 200 m、水压 3 MPa 时底板受力

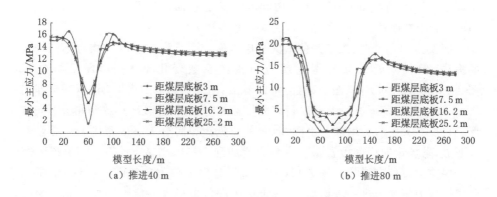

图 2-46　面长 200 m、水压 5 MPa 时底板受力

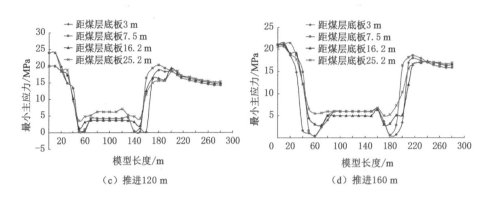

（c）推进120 m　　　　　　　　（d）推进160 m

图 2-46（续）

煤层开采后,采空区对应范围底板不同位置岩层最大主应力降低,而在两侧实体煤壁处所对应底板岩层呈上升趋势,并随与煤壁距离的增加而逐渐降低。越靠近煤层底板,岩层受采动影响程度越明显。面长为 120 m 时,在不同水压作用下,距煤层底板 6.0～8.0 m 范围岩层受采动影响较大。水压为 1 MPa,工作面推进 40 m 时,超前应力集中系数为 1.14;推进 80 m 时,超前应力集中系数为1.21;推进 120 m 时,超前应力集中系数为 1.28。水压为 3 MPa,工作面推进 40 m 时,超前应力集中系数为 1.16;推进 80 m 时,超前应力集中系数为 1.23;推进 120 m 时,超前应力集中系数为 1.28。水压为 5 MPa,工作面推进 40 m 时,超前应力集中系数为 1.16;推进 80 m 时,超前应力集中系数为 1.23;推进 120 m 时,超前应力集中系数为 1.31,且受底板水压作用力增加,距离底板 7.5 m 处岩层超前最大主应力向煤壁前移,距煤壁 3.0～5.0 m。由此可见,随工作面推进距离的增加,采场底板不同位置处岩层最大主应力超前应力集中系数增大。

面长为 160 m 时,煤壁两侧最大主应力值较面长为 120 m 时均有不同程度的提高,但相同开采条件下超前应力集中系数变化不大。由图 2-41（d）、图 2-42（d）、图 2-43（c）、图 2-43（d）可以看出:随开采范围的增加,水-岩耦合作用下,采场中部垮落矸石与煤层底板充分接触并向底板施加压力,致使底板不同位置处岩层最大主应力增加。由图 2-41（d）可见距离底板 7.5 m 范围岩层受影响较明显,采场走向中间位置最大主应力增加到 5 MPa 左右,而 7.5～25.2 m 范围岩层应力值稍有增加。图 2-42（d）中所示各层位应力值较图 2-41（d）中所示各层位应力值又有进一步增加,采场走向中间位置最大主应力增加到 6.2 MPa左右,7.5～25.2 m 范围岩层最大主应力增加到 5 MPa 左右。水压增加到5 MPa,工作面推进 120 m 时,距煤层底板 3 m 处岩层即受到采空区顶底板岩层相互作用的影响,最大主应力呈上升趋势,如图 2-43（c）所示;工作面推进 160 m

时,底板25.2 m 范围均受采空区压实作用影响,应力维持在 6.2 MPa 左右,如图2-43(d) 所示。与图 2-41(d)和图 2-42(d)的情况比较,该范围更加广泛,即160 m 推进度中,中间近 70 m 范围为压实区,两侧各留 40~50 m 为未压实区。

面长 200 m 时,煤壁两侧最大主应力值较面长 160 m 时又有所提高,模型左侧受边界影响较大,从模型右侧看,应力集中位置与应力集中系数在相同开采条件时差别不大,只是采场底板受到采空区顶底板岩层相互作用的影响范围进一步加大。水压 1 MPa、工作面推进 160 m 时,采场走向中部近 80 m 范围均为压实区,两侧 40 m 范围处于未压实区,如图 2-44(d)所示;水压 3 MPa、工作面推进 160 m 时,与水压 1 MPa、工作面推进 160 m 时的底板受影响区范围相近,只是随水压的增加,越靠近含水层最大主应力越大,如图 2-45(d)所示;水压 5 MPa、工作面推进 120 m 时,采场走向中部即明显受其影响,到推进 160 m 时,其区域划分与以上两种情况差别不大,如图 2-46(c)、(d)所示。

2.7　采场围岩应力分区特征

煤层开采后,采场底板一定范围内围岩均出现一定程度卸压,其中靠近煤层底板一定范围,岩体无法承载强烈的采动应力而出现破坏,从受力状态看,该范围内岩体受力远低于原岩应力。随着与开采煤层距离的增加,采动影响程度亦逐渐减弱,岩层变形卸压的过程中自身还具备一定承载能力,能够承担自身载荷及部分承担其外部围岩体对其施加的应力作用,但较原岩应力有所降低;又由于其直接位于含水层之上,对采场而言起主要隔水作用。

煤层开采后,底板原有应力状态被破坏,表面附近由三向应力状态转为二向应力状态,底板岩梁开始底鼓变形,最靠近煤层底板一定范围内的最大主应力以水平应力为主,当超出岩石抗拉强度时在采场中部位置产生竖向张裂隙,而在采场两端头受煤壁钳制作用底鼓量很小,对应底板范围以剪切破坏为主。开采范围增加,顶板岩层不断垮落,采空区被矸石密实充填后,随采动应力及水压作用,底板变形量进一步增加,在采场中部形成剪切应力。随顶底板密切接触面积不断增加,剪切应力破坏区由采场中间位置向两侧逐渐扩展,同时向下延伸,在该范围内形成三个区(图 2-47):采场中部①区受顶板垮落矸石压实作用,应力水平略有提高,称为载荷缓慢升高区;两端头的②区仍维系原有受力及破坏形式,但受中部压应力作用与①区间力学联系降低,进一步加剧了破坏深度及拉应力受力范围,称之为端头应力降低区。

含水层以上主要隔水区域,受采空区垮落矸石的不整合压实作用,在底板含水层水压作用下,剪应力作用面向下延伸,据此形成四个分区(图 2-47)。这四个分区内各向主应力均比①、②各分区岩体主应力高,体现在岩石强度上亦呈增强趋势,承担了有效阻隔底板突水的作用。其中中部③区为拱形应力集中区,受先拉后剪作用;两侧剪切面到两端头形成④区,从受力看该区内上下边界应力较高,而中部应力相对降低,具备一定承载强度。作为端头关键承载区,受采动及水岩作用影响程度加大,④区范围将逐渐缩小,也就意味着②区范围进一步增大,当破坏裂隙与含水层沟通时形成工作面端头突水,当两侧剪切面破坏程度加剧与①区沟通时,则形成工作面中部突水,因此,该范围的稳定程度对工作面能否安全回采至关重要。

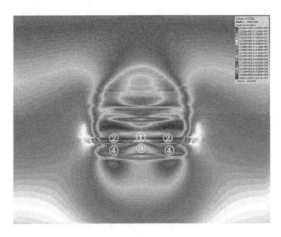

①—载荷缓慢升高区;②—端头应力降低区;③—拱形应力集中区;④—端头关键承载区。

图 2-47　采场围岩应力分区

3 水岩耦合作用下采场底板移动变形规律及分区特征

3.1 承压水上开采相似模拟试验

相似材料模拟试验可从宏观上观察承压水体上煤层开采不同阶段、不同方式、不同速度下，采场顶底板岩层运动、破坏规律，特别是底板岩层裂隙发生、发展和局部变形过程，及岩体发生大规模破坏时底板岩体的移动规律[115]。通过试验以期得出随工作面开采煤层底板裂隙发育及分布规律，进而分析发生突水事故的机理及承压水体上安全采煤的可能性，因而具有重要的理论和实践意义。

3.1.1 相似原理

充分考虑到试验模型的可靠性原则，依据相似原理，试验所选取的模拟系数如下：

(1) 几何相似比：$\alpha_l = \dfrac{L_{\mathrm{m}}}{L_{\mathrm{p}}} = 0.01$

(2) 密度相似比：$\alpha_\rho = \dfrac{\rho_{\mathrm{m}}}{\rho_{\mathrm{p}}} = 0.6$

(3) 应力相似比：$\alpha_R = \alpha_\rho \alpha_l = 0.006$

(4) 时间相似比：$\alpha_t = \sqrt{\alpha_l} = 0.1$（每 2 h 约相当于现场的 24 h）

(5) 外力相似比：$\alpha_F = \alpha_\rho \alpha_l{}^3 = 0.000\ 000\ 6$

式中　　L_{m}——原型线性尺寸；

　　　　L_{p}——模型线性尺寸；

　　　　ρ_{m}——模型材料密度，ρ_{m} 取 $1.5\ \mathrm{g/cm^3}$；

　　　　ρ_{p}——原型材料密度，ρ_{p} 取 $2.5\ \mathrm{g/cm^3}$。

3.1.2 相似模拟方案设计

相似模拟所选取的地质条件与 2.3 节中描述的地质条件相同。为了深入研究水岩耦合作用下底板破坏的分区特征及导水裂隙带发育扩展规律,对 A3 煤层进行开采,开采前在 3 灰岩层布置恒压水袋。

（1）相似模拟试验台:平面模拟试验台长×宽×高$(Lbh)=300\ \text{cm}\times30\ \text{cm}\times150\ \text{cm}$。

（2）通过承压水袋模拟承压含水层对煤层底板岩层的作用力,实际地质条件下含水层水压为 $4.0\sim5.0$ MPa,因此,设计模拟承压水压力为 4.5 MPa,按应力相似比,水袋在模型中应提供 0.027 MPa 压力。水袋铺设如图 3-1 所示。

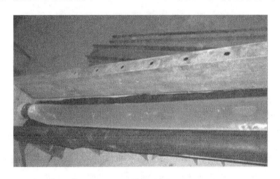

图 3-1　水袋铺设

（3）模拟岩层实际高度为 140 m,其上覆 340 m(包括表土层)需要用液压加载的方式实现,加载系统如图 3-2 所示。取模型中未模拟岩层平均密度为 $1.5\ \text{t/m}^3$,所以模型需要施加的重力补偿载荷 q_{m} 为:

补偿载荷:$q_{\text{m}}=\alpha_{\rho}\alpha_{l}\gamma_{\rho}(H-H_{\text{m}})=3.06\ (\text{t/m}^3)$

图 3-2　加载系统

按照模型尺寸换算得所需载荷:$p_{\text{m}}=q_{\text{m}}Lb=2\ 754\ (\text{kg})$

上部铺设 5 层铁块,此时液压缸对模拟岩层可形成均布荷载。使用 6 根缸

径为 46 mm 液压油缸共同加载,计算得到每根油缸的压力值 p 为:

$$p = F/s = p_m g / \left[\pi \left(\frac{R}{2} \right)^2 \times 6 \right] \approx 2.763 \text{ (MPa)}$$

（4）应力测点布置:为了监测承压水上开采时煤层底板岩体的应力状态,在底板隔水层内布置 9 个压力盒,应力测点布置与测试系统如图 3-3 所示。水平方向距模型左侧 30 cm、60 cm、120 cm,垂直方向距 A1 煤底板 3 cm、10.5 cm、17.5 cm 布置压力盒。

（a）应力测试系统

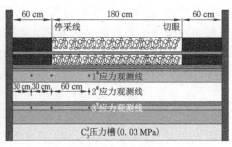

（b）应力测点布置简图

图 3-3　应力测点布置与测试系统

（5）位移测试系统:传统的相似材料模型试验变形量测试是利用数字采集、记录仪记录变形数据,或者在模型表面嵌入多个量测点,每开挖一步人工测量、记录一次数据。这些测试方法不仅工作量大,采集数据有限,而且影响模型的几何连续性。本次模拟将数字图像相关法引入试验中,可克服上述困难,它不仅可以对模型中全部岩层进行全场分析,而且可直观地再现随工作面推进底板岩层变形及裂隙发育、扩展、贯通的全过程。位移测试系统如图 3-4 所示。

图 3-4　位移测试系统

位移测试系统试验步骤为[116-121]:

(1)调节光照度:位移测试系统对光照度要求很高,这直接取决于该系统软件相关性分析的需要,尤其在夜间光线较暗的情况下,即使采用照明设备对模型进行补光,但与白天较好光线时仍有一定差异。因此,在模型左右两侧各布置一盏高瓦数节能灯,在模型正面用新闻灯垂直照射,以满足照片序列光照强度无差别。

(2)安装、调试数码相机:按模型尺寸大小,为保证模型整体在相机镜头中较清晰呈现,在模型前 3 m 位置,正对模型中间放置三脚架,调整三脚架高度使相机正对模型中部。数字照片不能因相机的原因发生移动给相关运算带来困难,要求三脚架绝对固定,并采用遥控器或快门线进行照片的拍摄。确保拍到的数字照片足够清晰,采用未经压缩的 RAW、TIFF 格式进行图像存储。

(3)数字图像标定:因为采用数字图像相关方法得到的位移是以像素为单位的,要换算成长度单位,就需要对记录系统进行标定。本次试验采用的标定方法为在竖向、横向模型架上刻画标准刻度,与所拍摄照片中像素进行比对,进而得出像素和长度的对应关系,并用于整个模型分析。

(4)数字图像拍摄:随着工作面的推进,拍摄模型在工作面推进过程中的照片,每开挖一步拍摄一张或一组数字照片。

(5)数字图像分析:将拍摄的照片按照序列,利用数字照相图像分析与结果可视化应用软件系统进行图像相关分析,计算得出模型在不同开挖步下的变形量。

3.1.3 模型制作

相似模型以砂子为骨料,石膏、石灰(碳酸钙)为黏结材料,并掺入适量的水,根据钻孔柱状图和现场的地质力学参数,按照相似理论确定配料比例。表 3-1 是相似模拟材料配比参数。

表 3-1　相似模拟材料配比参数

岩石名称	模拟厚度/cm	配比号	总质量/kg	砂子/kg	石灰/kg	石膏/kg	水/kg	累计厚度/cm
泥岩	3.65	7:0.7:0.3	49.280	43.120	4.310	1.850	4.925	129.87
细砂岩	2.52	6:0.6:0.4	35.080	30.080	3.000	2.000	3.508	126.22
砂质泥岩	1.60	7:0.7:0.3	21.600	18.900	1.890	0.810	2.160	123.70
中细砂岩	1.95	5:0.6:0.4	26.330	21.940	2.630	1.760	2.635	122.10
含铝砂质岩	2.05	6:0.6:0.4	27.65	23.700	2.370	1.580	2.765	120.15

表 3-1(续)

岩石名称	模拟厚度/cm	配比号	总质量/kg	砂子/kg	石灰/kg	石膏/kg	水/kg	累计厚度/cm
花斑状泥岩	3.65	7∶0.7∶0.3	49.280	43.120	4.310	1.850	4.925	118.10
花斑状泥岩	2.90	7∶0.7∶0.3	39.160	34.260	3.430	1.470	3.920	114.45
花斑状泥岩	2.40	7∶0.7∶0.3	32.400	28.350	2.835	1.215	3.240	111.55
粗砂岩	8.40	5∶0.6∶0.4	120.900	100.800	12.000	8.100	12.090	109.15
粉砂岩	3.60	9∶0.5∶0.5	51.800	46.600	2.600	2.600	5.180	100.75
细砂岩	5.20	6∶0.6∶0.4	74.900	64.200	6.420	4.280	7.490	97.15
粗砂岩	1.40	5∶0.6∶0.4	20.140	16.800	2.000	1.340	2.014	91.95
砂质泥岩	5.00	8∶0.7∶0.3	72.000	64.000	5.600	2.400	7.200	90.55
粉细砂岩	9.30	7∶0.6∶0.4	134.190	117.180	10.050	6.960	13.420	85.55
细砂岩	4.80	6∶0.6∶0.4	69.130	59.260	5.920	3.950	69.140	76.25
粉砂岩	1.80	9∶0.5∶0.5	25.900	23.300	1.300	1.300	2.590	71.45
砂质泥岩	5.80	8∶0.7∶0.3	83.520	74.240	6.500	2.780	8.352	69.65
粉细砂岩	6.90	7∶0.6∶0.4	99.555	86.940	7.455	5.160	9.956	63.85
粗砂岩	1.20	5∶0.6∶0.4	17.264	14.400	1.714	1.150	1.726	56.95
砂质泥岩	3.80	8∶0.7∶0.3	54.720	48.640	4.260	1.820	5.472	55.75
粗砂岩	1.20	5∶0.6∶0.4	17.264	14.400	1.714	1.150	1.726	51.95
砂质泥岩	4.80	8∶0.7∶0.3	69.120	61.440	5.376	2.304	6.912	50.75
A3 煤	5.80	10∶0.5∶0.5	70.559	64.145	3.207	3.207	7.056	45.95
泥岩	1.20	9∶0.5∶0.5	14.400	12.960	0.720	0.720	1.440	41.05
A1 煤	3.40	10∶0.5∶0.5	48.960	44.510	2.225	2.225	4.896	40.05
粉砂岩互层	1.80	9∶0.5∶0.5	25.928	23.328	1.300	1.300	2.593	36.65
中粗砂岩	1.20	5∶0.6∶0.4	17.264	14.400	1.714	1.150	1.726	34.85
粉砂岩互层	3.60	9∶0.5∶0.5	51.856	46.656	2.600	2.600	5.186	33.65
砂质泥岩	8.70	8∶0.7∶0.3	125.280	111.360	9.750	4.170	12.528	30.05
1 灰岩	1.80	6∶0.5∶0.5	25.920	22.220	1.850	1.850	2.592	21.35
砂质泥岩	1.85	8∶0.7∶0.3	26.660	23.680	2.100	0.880	2.666	19.55
2 灰岩	2.10	6∶0.5∶0.5	30.243	25.923	2.160	2.160	3.024	17.70
砂质泥岩	3.20	8∶0.7∶0.3	46.080	40.960	3.580	1.540	4.608	15.60
3 灰岩	6.30	6∶0.5∶0.5	112.320	96.300	8.010	8.010	11.232	12.40
粉砂岩互层	4.60	9∶0.5∶0.5	66.240	59.600	3.320	3.320	6.624	4.60

模型制作时,将各岩层相似材料按比例配置好,分层铺设捣固成型,且在模型铺设时采用云母粉来模拟岩层的层面并随机划出节理,尽量消除岩石与岩体由于尺度效应造成的在力学性质上的差异。将水袋放置在 3 灰岩层中下部。准备开采前,将模型表面粉刷成白色,且在模型表面标出 5 cm×5 cm(横向×纵向)的网格,以利于观察模型底板岩体裂隙的发育和破坏情况。在模型制作完成后,养护 7~10 d 才可进行相关试验。试验模型如图 3-5 所示。

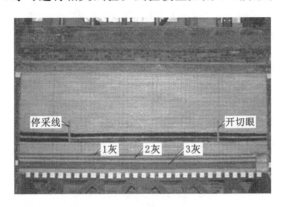

图 3-5　试验模型

在模型养护达到试验标准,且加载及测试系统准备工作就绪后,方可进行模拟开采。开采过程中将各油缸载荷保持在 3.53 MPa,调节水头标高使得水袋压力达到 0.027 MPa(相当于现场 4.5 MPa 水压),保持一段时间,当使系统稳定后即可进行开挖。在此阶段,一方面进行工作面开挖,另一方面记录来压现象、底板裂隙发育情况和进行拍照等工作。

3.2　采场围岩移动变形规律

3.2.1　覆岩破坏规律

开切眼位于模型右侧,距模型边界 60 cm。每次开挖 5 cm,每隔 2 h 开挖一次,模型中每次开挖 5 cm 相当于现场工作面每天推进 5 m,停采线距模型左边界 60 cm,共开挖 180 cm。

图 3-6 为只回采 A3 煤的采场顶板垮落过程。当工作面推进 20 cm 时,顶底板变形量很小,矿压显现不明显;当工作面推进 30 cm 时,直接顶开始出现缓慢下沉并与其上部岩层产生离层,20 min 后,直接顶初次垮落,如图 3-6(a)所示;

当工作面推进到 60 cm 时,直接顶相继垮落,最大垮落高度约为 6 cm,基本顶开始出现离层裂隙和层间竖向裂隙,如图 3-6(b)所示;当工作面推进到 90 cm 时,垮落高度约为 11 cm;当工作面推进到 120 cm 时,顶板垮落严重,最终垮落高度约为 21 cm;随着工作面继续推进,顶板出现周期性来压,来压步距为 15~25 cm。

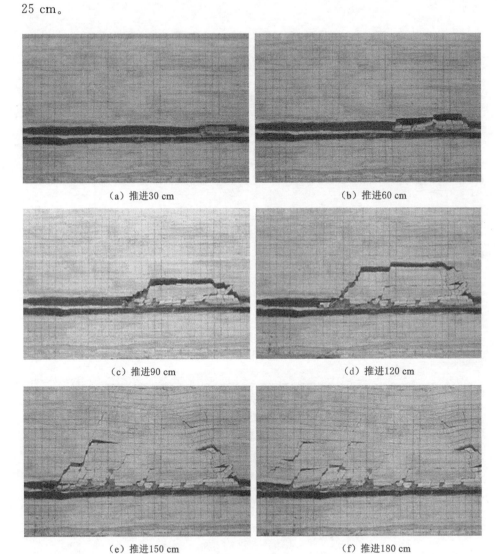

(a) 推进30 cm

(b) 推进60 cm

(c) 推进90 cm

(d) 推进120 cm

(e) 推进150 cm

(f) 推进180 cm

图 3-6 采场顶板垮落过程

3.2.2 底板隔水层裂隙发育特征

随着顶板各岩层的变形、垮落，采场底板在采动应力及水压的作用下亦出现分区域、不同程度破坏，破坏形式以竖向及顺层裂隙发育为主，具体如图 3-7 所示。

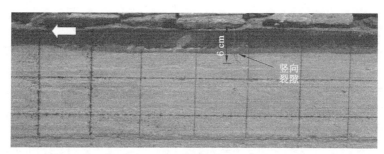

（a）推进90 cm时底板裂隙分布（正面）

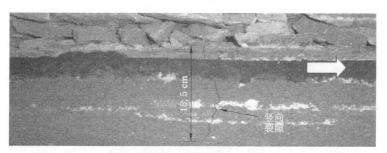

（b）推进90 cm时底板裂隙分布（反面）

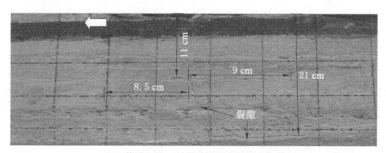

（c）推进100 cm时煤壁附近底板裂隙分布

图 3-7　底板裂隙分布

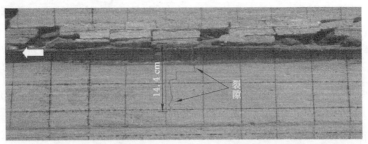

（d）推进120 cm时采空区中部底板裂隙分布

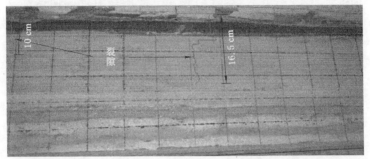

（e）推进130 cm时采空区中部底板裂隙分布

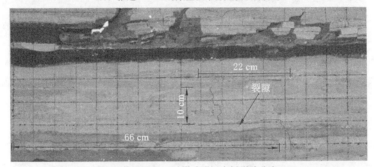

（f）推进150 cm时煤壁附近底板裂隙分布

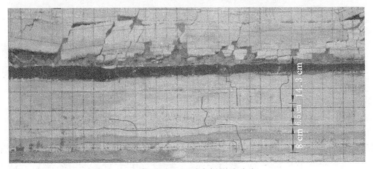

（g）推进180 cm时底板裂隙分布

图 3-7（续）

工作面推进至 90 cm 时，采空区底板中部（距开切眼约 46 cm，距前方煤壁约 44 cm）底板首先产生深度约 6 cm 竖向微裂隙；未粉刷面采空区底板中部（距前方煤壁 45 cm，距开切眼 45 cm）底板产生深度约 15.5 cm 竖向裂隙。

工作面推进至 100 cm 时，在原裂隙发育的基础上，竖向裂隙继续向深部发育，发育深度约为 14.4 cm，且裂隙宽度变大；另外在距煤壁 8.5 cm 同时距 A3 煤底板大于 11 cm 范围发育竖向裂隙和顺层裂隙，发育深度范围为 11～21 cm，长度约为 9 cm。

工作面推进至 130 cm 时，距开切眼 46 cm 的裂隙继续向深部发育，达到 16.5 cm；在距开切眼 76 cm 的底板发育一条长约 10 cm 的竖向裂隙；距煤层底板 19.5 cm、末端距开切眼 50 cm 处发育顺层裂隙，其与距 A3 煤底板 11 cm 发育的裂隙贯通，顺层裂隙长 40 cm，末端向下延伸 6 cm 至 2 灰底板；距煤层底板 23 cm、前端超前煤壁 10 cm 发育长 56 cm 的层状裂隙。

随着工作面的继续推进，顺层裂隙继续向前发育，且平均开采约 25 cm，底板产生新竖向裂隙，至回采结束时，两条主顺层裂隙发育长度分别为 91 cm 和 71 cm，后方的竖向裂隙宽度和深度均减小，部分闭合。

A3 煤开采时底板裂隙分布如图 3-8 所示。底板 14～15 cm 范围受采动应力影响，底鼓变形较大，在拉应力作用下岩层超出自身抗拉强度出现竖向张裂隙；随着与底板距离的增大，各岩层承载能力增大进而表现出整体抗弯性增强，产生竖向裂隙的同时出现一定量的层间裂隙；含水层附近各岩层受水压及其上覆有一定承载能力岩层钳制作用，岩层整体性进一步增强，各岩层不同的挠曲变形造成层间相互错动进而形成顺层裂隙。

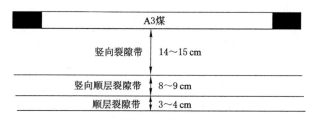

图 3-8　底板裂隙分布示意图

3.2.3　顶板变形规律

本次模型分析范围高×宽为 1 830 像素×5 030 像素，分别以数字图像空间的(10,2 770)、(5 140,2 824)、(5 107,1 150)、(52,1 106)为控制点，分析范围内测点布置为 20 像素×20 像素，数字图像分辨率为 0.6 mm/像素。具体分析结果如图 3-9 所示。

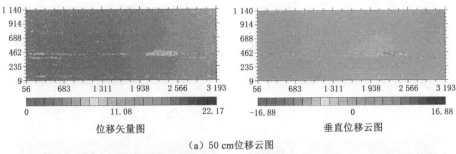

（a）50 cm位移云图

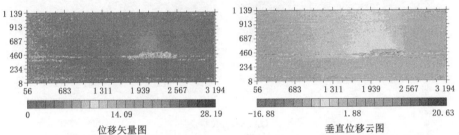

（b）65 cm位移云图

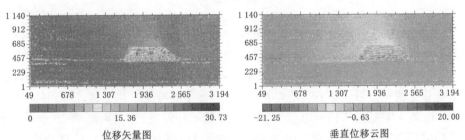

（c）90 cm位移云图

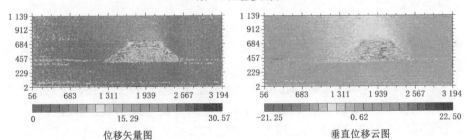

（d）125 cm位移云图

图 3-9　位移云图

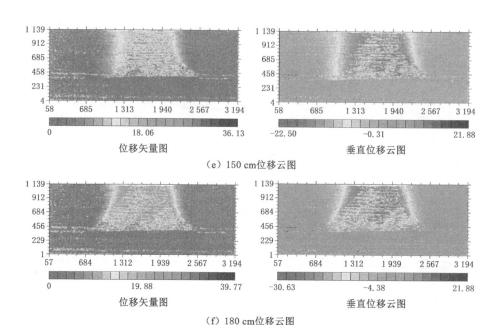

（e）150 cm位移云图

（f）180 cm位移云图

图 3-9（续）

（1）由位移云图可以看出，工作面推进 50 cm 前，A3 煤上覆 3.2～4.8 cm 厚砂质泥岩直接顶逐段垮落，但直接顶的垮落并未造成上位顶板出现明显下沉。

（2）随着开采范围的不断加大，到 65 cm 时，A3 煤顶板垮落高度达到 6 cm，由位移云图可以看出，垮落高度以上岩层出现不同程度弯曲下沉，最大下沉量为 4 mm，该影响范围从顶板垮落位置向上直到 41 cm 处；工作面超前 40 cm 范围受超前采动压力影响出现受压变形，压缩量为 1.9～2.7 mm。位移曲线如图 3-10 所示。

（3）当煤层开采到 90 cm 时，可以看到 A3 煤顶板以上 18.4 cm 范围出现大范围垮落，其上部岩层也开始不同程度下沉，该范围波及模型上边界，下沉量为 3～5 mm。

（4）煤层开采到 125 cm 时，顶板垮落高度达到 30.2 cm，其上部未垮落岩层下沉量明显增加，下沉量最大点滞后于开采中间位置 15 cm，最大值达到 7 mm，对比全位移云图及垂直位移云图可以看出，模型整体变形以竖直方向下沉为主。

（5）煤层开采到 130 cm 以后，模型顶板未垮落部分出现整体下沉，到工作面推进至 180 cm 时，顶板垮落岩层压密程度进一步增加，模型上边界下沉量为 30.3 mm。最终形成 A3 煤顶板岩层垮落角开切眼处为 63°，停采线处为 58°。

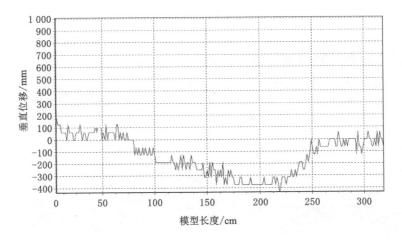

图 3-10　位移曲线

3.2.4　底板变形规律

模型分析范围为 517 mm×3 002 mm,并重点分析底板 10 cm 处位移变化情况,具体分析结果如图 3-11 所示。

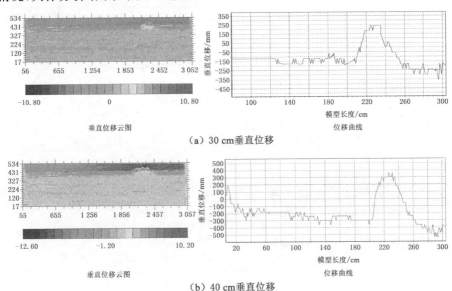

（a）30 cm垂直位移

（b）40 cm垂直位移

图 3-11　采场底板位移云图及位移曲线

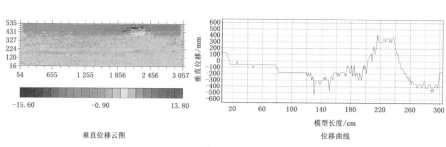

（c）50 cm垂直位移

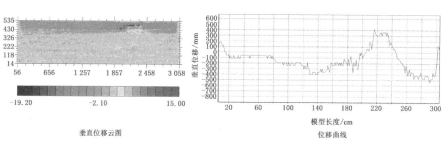

（d）60 cm垂直位移

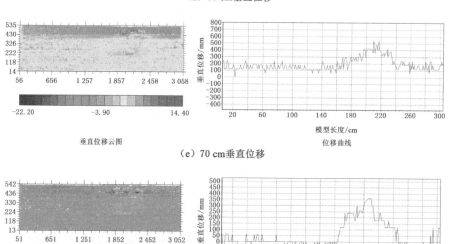

（e）70 cm垂直位移

（f）80 cm垂直位移

图 3-11（续）

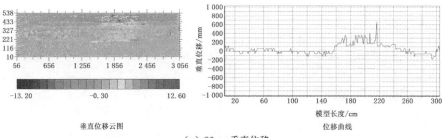

（g）90 cm垂直位移

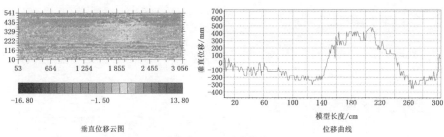

（h）100 cm垂直位移

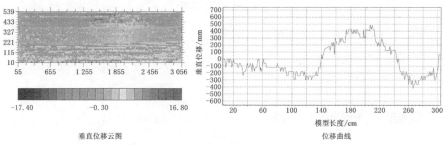

（i）110 cm垂直位移

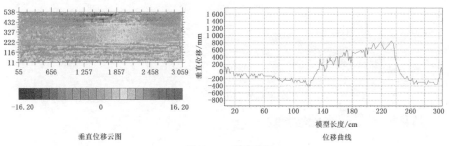

（j）120 cm垂直位移

图 3-11（续）

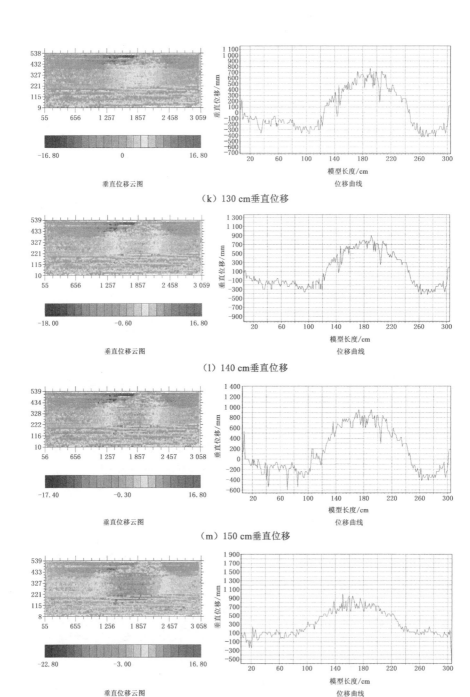

（k）130 cm垂直位移

（l）140 cm垂直位移

（m）150 cm垂直位移

（n）160 cm垂直位移

图 3-11（续）

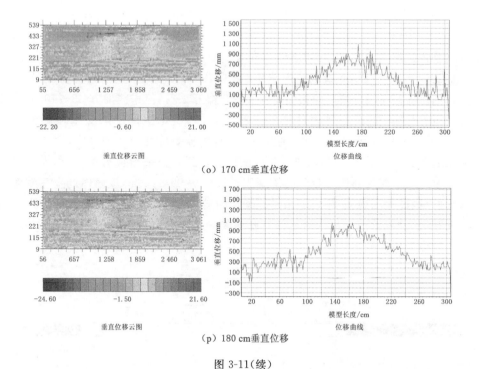

（o）170 cm垂直位移

（p）180 cm垂直位移

图3-11（续）

（1）底鼓变化量：当工作面开采到110 cm以前，底鼓量由0 mm逐渐增大到5 mm，其中在煤层开采到70 cm时，受底板水压作用，在开切眼位置呈52°斜向下形成剪切带，发育到1灰位置，并在其中形成顺层裂隙，长度为450 mm左右。开采至110 cm以后，底鼓量由8 mm增大到12 mm，尤其是140 cm以后，底板受水压及采动影响，底板范围内竖向及顺层裂隙发育较明显。

（2）底鼓形态：底鼓曲线总体上呈抛物线状，中间高两端低，峰值点随工作面向前推进不断前移，但该峰值点始终落后于工作面推进距离中间位置10～20 cm，说明底鼓位移在时间上具有延迟性。

（3）采动影响范围：单从底板底鼓量分析，煤层开采到180 cm后横向整个底板范围位移量以开采范围所对应底板竖向移动为主，对于开切眼位置向前影响20 cm左右，该范围较未受影响位置底鼓0～4 mm，停采线处一般后退20～30 cm底鼓变化不大，而后开始增加；纵向底板范围影响深度直到3灰，同时，影响程度在该深度范围内基本一致。

（4）底鼓量动态变化趋势：推进到90 cm以前，底鼓曲线总体上呈抛物线状，说明该开采范围内底板以整体弯曲变形为主。随推进距离不断增加，由于卸压范围的增大，加之采动作用在开切眼及工作面开采位置形成的应力集中对底板岩层的钳制作用,使得推进长度在 90～150 cm 范围时,采空区底板鼓起的同时,两侧未开采区域对应的底板有相对下沉趋势,说明由于底板范围局部破坏,造成整体抗弯能力下降,开切眼处范围为 20～40 cm,工作面位置为 40～60 cm。开采到 150 cm 以后,底板范围内破坏程度加深,底鼓量以整体上升势态发展。

如图 3-12 所示,按尺寸相似比换算 A3 煤开采后,停采线前方 35～40 m 受超前压力影响,底板出现相对受压变形状态,其变化值低于未受采动影响区 0.2～0.4 m,停采线向采空侧后退 5～10 m,底板受压变形达到最大,该范围称为压缩区。再向后 30～40 m 时,底板位移恢复到未受采动影响水平,称为压缩膨胀过渡区。离层膨胀区位于压缩膨胀过渡区后 65～75 m,该区内产生底鼓变形峰值点,最大底鼓量为 1.2 m 左右,其中峰值点位于开采范围中间位置后 10～20 m;从峰值点向后一直延伸到开切眼后煤体内 10～20 m,底鼓变形下降,该区域称为压实稳定区。

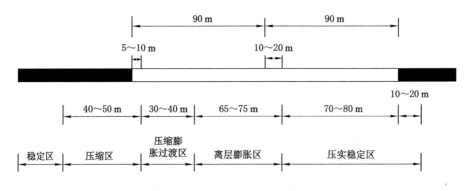

图 3-12　底板移动变形区域划分

3.2.5　卸压后底板位移变化规律

本次模型分析范围为 517 mm×3 002 mm,分别以数字图像空间的(336,2 974)、(5 122,2 216)、(5 064,813)、(2 253,804)为控制点,分析范围内测点布置为 20 像素×20 像素,数字图像分辨率为 0.6 mm/像素。卸压后底板位移云图及位移曲线如图 3-13 所示。

由图 3-13 可知,底板 3 灰水压设计为 4.5 MPa,模拟过程中每下降 0.3 m,对应水压下降 0.5 MPa,当水压下降到 4.0 MPa 时,底板岩层底鼓量回升幅度不大,最高点变化只有 2～3 mm;从 4.0 MPa 下降到 3.0 MPa 时,底鼓量回升幅度在最高点为 5～7 mm;下降 1.8 m 对应 1.5 MPa 时,底鼓量最高点回升幅度保持 7 mm 基本不变。

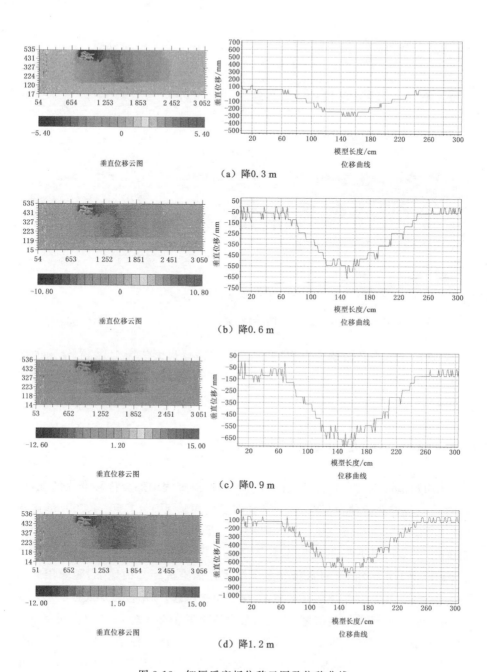

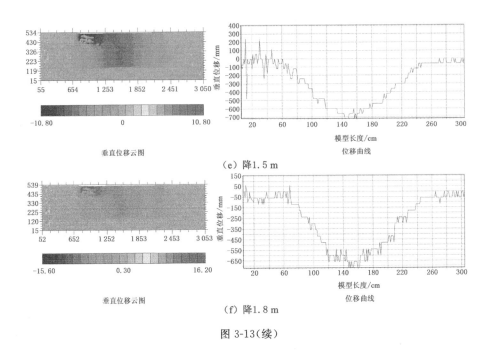

垂直位移云图

（e）降1.5 m

位移曲线

垂直位移云图

（f）降1.8 m

位移曲线

图 3-13（续）

在底板水压力及采动应力作用下,底板底鼓量最大值为 12 mm,水压的变化引起底鼓量最大回升 7 mm,相当于实际开采时的 0.7 m。就采动应力及底板水压综合而言,底板岩层的变形以 3 灰水压作用为主。

3.3 底板不同层位岩层变形规律

采用数值计算重点分析了工作面沿走向推进过程中底板位移变化情况,以 A3 煤顶底板岩性条件为基础,现分别针对工作面长 120 m、160 m、200 m,底板水压 1 MPa、3 MPa、5 MPa 进行模拟,分析距离煤层底板 3.0 m、7.5 m、16.2 m、25.2 m 处底板变形规律,具体见图 3-14～图 3-22。

面长为 120 m 时,不同水压作用下随工作面推进距离的增加,距煤层底板不同位置岩层底鼓变形量不断增加,与煤层距离越远,该层位岩层底鼓变形量越小。沿工作面底鼓曲线整体呈上凸状,最大值出现在工作面中间,而在两侧煤壁内所对应底板各岩层由于受侧向采动集中应力作用,底板各岩层受压挠度为负。水压为 1 MPa 时,距离煤层底板 3.0 m 处底板岩层最大底鼓量为 76 mm,距煤层底板 25.2 m 处底板岩层最大底鼓量为 37 mm;水压为 3 MPa 时,距离煤层底板 3.0 m 处底板岩层最大底鼓量为 109mm,距离煤层底板25.2m处底板岩层最大

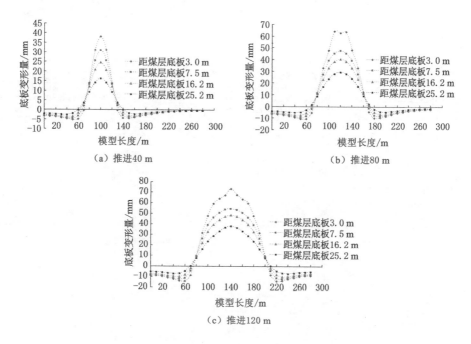

（a）推进40 m

（b）推进80 m

（c）推进120 m

图 3-14　面长 120 m、水压 1 MPa 时底板变形规律

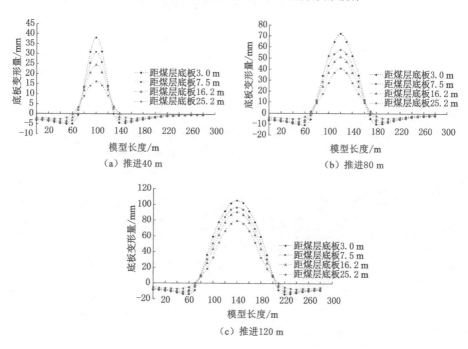

（a）推进40 m

（b）推进80 m

（c）推进120 m

图 3-15　面长 120 m、水压 3 MPa 时底板变形规律

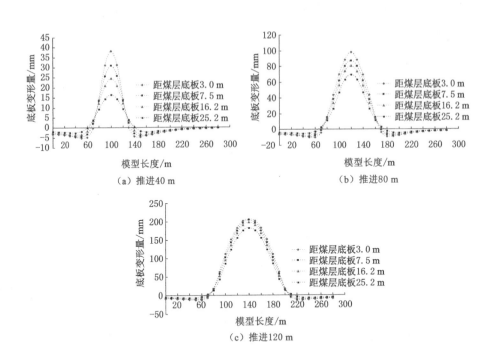

图 3-16　面长 120 m、水压 5 MPa 时底板变形规律

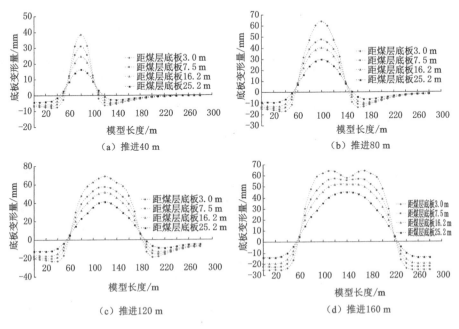

图 3-17　面长 160 m、水压 1 MPa 时底板变形规律

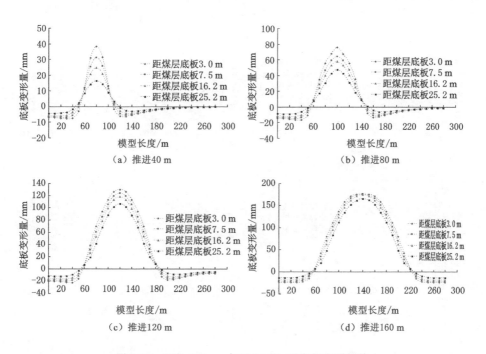

图 3-18　面长 160 m、水压 3 MPa 时底板变形规律

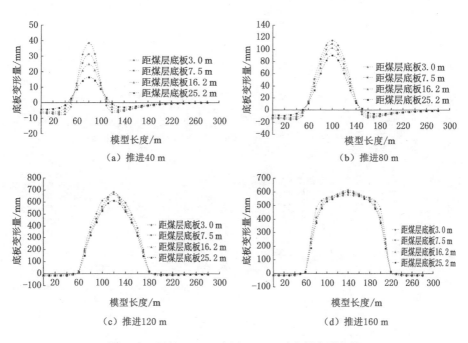

图 3-19　面长 160 m、水压 5 MPa 时底板变形规律

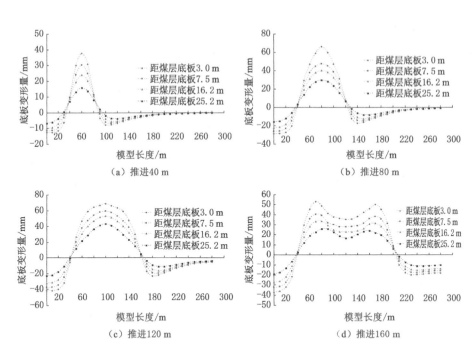

图 3-20　面长 200 m、水压 1 MPa 时底板变形规律

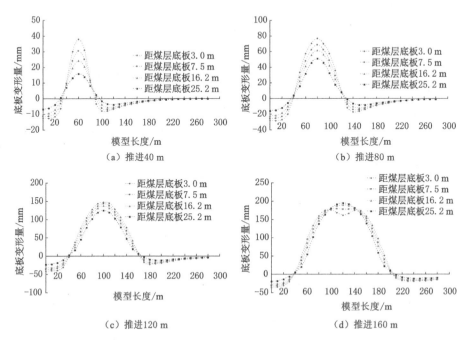

图 3-21　面长 200 m、水压 3 MPa 时底板变形规律

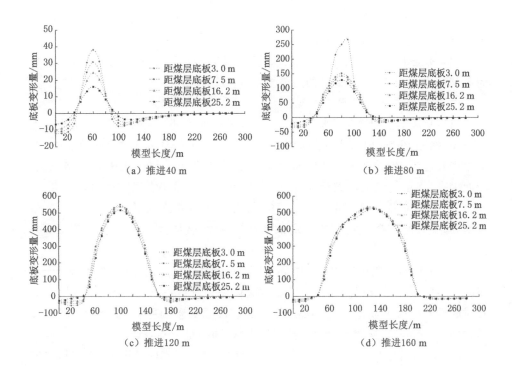

（a）推进40 m （b）推进80 m

（c）推进120 m （d）推进160 m

图 3-22　面长 200 m、水压 5 MPa 时底板变形规律

底鼓量为 79 mm；水压为 5 MPa 时，距离煤层底板 3.0 m 处底板岩层最大底鼓量为 216 mm，距离煤层底板 25.2 m 处底板岩层最大底鼓量为 178 mm；整个底板挠度曲线较平滑，说明采场上覆岩层垮落对底板变形影响不大，底板岩层整体承载性能较好。

由图 3-17～图 3-19 分析可知：

（1）随着工作面不断向前推进，底板变形量不断加大，水压为 1 MPa、工作面推进 40 m 时最大底鼓量为 39 mm，推进 160 m 时最大底鼓量为 67 mm；水压为 3 MPa、工作面推进 40 m 时最大底鼓量为 40 mm，推进 160 m 时最大底鼓量为 178 mm；水压为 5 MPa、工作面推进 40 m 时最大底鼓量为 42 mm，推进 160 m 时最大底鼓量为 608 mm。

（2）针对底板破坏不同层位，分别分析了距煤层底板 3.0 m、7.5 m、16.2 m、25.2 m 位移变化情况，由上而下底鼓量逐渐减小，但随开采范围不断加大，破坏深度、破坏程度增加，各层位形变差距减小。

（3）采场两端向煤壁内 4～10 m 开始，底板底鼓量为正，模型其余部分受压底鼓量为负。开采范围内底板变形曲线大体上呈抛物线形状，随着采空区垮落矸石对底板的压力不断增大,距煤层底板较近岩层受影响明显,如图 3-17(d)所示,底鼓变形量在中部有回落现象。

(4)水压的增加对底板挠曲变形产生明显影响,工作面推进 160 m 时,水压为 5 MPa 比水压为 1 MPa 时的底鼓量增加 541 mm。

由图 3-20～图 3-22 分析可知:

(1)工作面宽 200 m、水压为 1 MPa,工作面推进 40 m 时最大底鼓量为 40 mm,推进 160 m 时最大底鼓量为 58 mm;水压为 3 MPa,工作面推进 40 m 时最大底鼓量为 40 mm,推进 160 m 时最大底鼓量为 200 mm;水压为 5 MPa,工作面推进 40 m 时最大底鼓量为 42 mm,推进 160 m 时最大底鼓量为 562 mm。

(2)距煤层底板 3.0 m、7.5 m、16.2 m、25.2 m 各岩层层位,由上而下底鼓量逐渐减小,但随着开采范围不断加大,破坏深度、破坏程度增加,各层位形变差距减小。

(3)采场两端向煤壁内 4～10 m 开始,底板底鼓量为正,模型其余部分受压底鼓量为负。开采范围内底板变形曲线大体呈抛物线形状,随着采空区垮落矸石对底板的压力不断增大,距煤层底板较近岩层受影响明显,如图 3-20(d)和图 3-21(d)所示,底鼓变形量在中部开始下降,曲线呈"马鞍状"。

(4)水压的增加对底板挠曲变形产生明显影响,工作面推进 160 m 时,水压为 5 MPa 比水压为 1 MPa 时的底鼓量增加 500 mm 左右。

3.4　水岩耦合作用下采场底板变形分区

结合模型试验对底板位移的分析,同时根据数值模拟底板不同位置各岩层位移变化趋势,按位移特征整个底板空间分为两个明显区域,采空区对应底板空间大部分范围为底鼓区,主要受煤层开采的影响,各方向应力向采空区释放压力;而在采场周边一定范围内形成的压缩区,是超前集中应力作用的结果。

如图 3-23 所示,两端头附近由于顶底板接触不密实,底鼓变形量较大,而中部受矸石压实作用效果明显,底鼓量有所下降或底鼓趋势减缓,形成图中的①区,称之为底鼓变形减缓区。随着与底板距离的增加,以及下部各岩层承载能力的增强,底鼓区内受矸石压实作用影响程度减弱,底鼓形态从采场两端向中部逐渐增高,因此,称②区为底鼓稳定发展区。含水层上边界到底板不受采动影响深度为③区,该区域上边界由于受水力下压作用,使得底鼓量与非承压水上开采时相比进一步降低,总体亦呈中间高两端低的形态,称之为底鼓变形削弱区。

（a）数值分析变形图

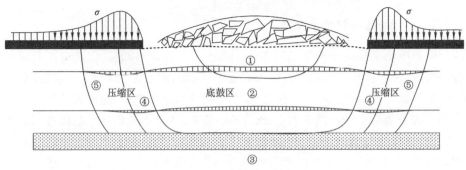

（b）底板变形示意图

①—底鼓变形减缓区；②—底鼓稳定发展区；③—底鼓变形削弱区；
④—压缩膨胀过渡区；⑤—超前采动压缩区。

图 3-23　底板变形分区

　　受超前应力作用，采场底板四周为压缩区，其中靠两端头附近受水岩耦合作用，各岩层压缩量逐渐减小并最终位移量为零，定义④区为压缩膨胀过渡区；④区外侧，随着与采场距离的增加，受采动影响逐渐减弱，压缩量不断减小，形成⑤区——超前采动压缩区；⑤区外侧为未受影响区。

4　水岩耦合作用下采场底板破坏分区特征

4.1　底板破坏深度电法测试

4.1.1　并行电法采集技术[81-82]

　　并行电法采集技术包括 AM 法和 ABM 法 2 种，与传统高密度电法测试相比，并行电法测试技术的先进程度大大提高，例如：测线上布置 64 个电极，采用 AM 法采集时，任一电极供电，其余 63 个电极同时采集电位，这样其数据采集效率与串行采集相比至少提高了 63 倍。AM 法中 64 个电极轮流一遍即可完成测试任务，这样通过 AM 法或 ABM 法装置自动顺次切换电极，取得大量的电法数据，不仅可以实现所有现行的高密度电法探测数据解编与反演，还可以进行高分辨率的地电阻率法反演。该系统通过仪器专用软件系统、数据 Modem 以及电话线的连接，还可实现对数据的远程采集和动态监测，大大减少现场的工作量，其效果良好。

4.1.2　三维数据反演[122-127]

　　用于相似材料模拟中的测试电极分别布置在顶底板不同位置，通过多条测线可以形成立体电场观测空间，获得相应的立体电位数据。电阻率三维反问题的一般形式可表示为：

$$\Delta d = \boldsymbol{G} \Delta m \tag{4-1}$$

式中　G——雅可比(Jacobi)矩阵；

　　　Δd——观测数据 d 和正演理论值 d_0 的残差向量；

　　　Δm——初始模型 m 的修改向量。

　　对于三维问题，将模型剖分成三维网格，反演要求参数就是各网格单元内的电导率值，三维反演的观测数据则是测量的单极-单极电位值或单极-偶极电位差值。由于它们变化范围大，一般用对数来标定反演数据及模型参数，有利于改善反演的稳定性。由于反演参数太多，传统的阻尼最小二乘反演往往导致过于复杂的模型,即产生所谓多余构造,它是数据本身所不要求的或是不可分辨的构造信息,给解释带来困难。Sasaki 在最小二乘准则中加入光滑约束,反演求得光滑模型,提高了解的稳定性。其求解模型修改量 Δm 的算法为：

$$(\boldsymbol{G}^{\mathrm{T}}\boldsymbol{G} + \lambda \boldsymbol{C}^{\mathrm{T}}\boldsymbol{C})\Delta m = \boldsymbol{G}^{\mathrm{T}}\Delta d \tag{4-2}$$

式中　$\boldsymbol{C}$——模型光滑矩阵。

通过求解 Jacobi 矩阵 $\boldsymbol{G}$ 及大型矩阵逆的计算,来求取各三维网格电性数据。并行电法仪采集的数据为全电场空间电位值,保持电位测量的同步性,避免了不同时间测量数据的干扰问题。所采集的数据适合用于全空间三维电阻率反演技术。通过在采场围岩中布置电法测线,采用并行电法仪观测不同位置不同标高的电位变化情况,通过三维数据反演,得出顶板探测剖面不同时段的电阻率分布情况,从而对岩层变形与破坏发育给出客观的地质解释。

4.1.3　电阻率解释

岩体的结构特征是影响电阻率的主要因素之一,两者有着显著的相关性。通常不同岩性电阻率值有一定差别,同一岩层,由于其结构特征发生变化,其电阻率值也会发生改变。对于煤层顶底板岩层来说,从电性上分析,煤层电阻率值相对较高,砂岩次之,黏土岩类最低。由于煤系地层的沉积序列比较清晰,在原生地层状态下,其导电性特征在纵向上变化规律较为固定,而在横向上相对比较均一。当岩层发生变形与破坏时,如果岩层不含水,则其导电性变差,局部电阻率值升高;如果岩层含水,其导电性好,相当于存在局部低电阻体。采动过程中岩层电性在纵向和横向上的变化规律,代表了其破坏和裂隙发育特征。因此,通过测取顶板不同深度岩层电阻率变化来分析覆岩变形与破坏规律,这是立体电法测试覆岩破坏特征的地质基础。由于钻孔电极与围岩耦合为一体,且可以深入采煤工作面塌陷区域内部,其检测结果具有绝对的可靠性。导水裂隙带发育仅为一定高度以下岩层电阻率所发生的变化,每次测试以前一次岩层电阻率分布作为背景值,通过动态测试可以从时空规律上直观分析岩层的变形与破坏过程。在整个剖面中电阻率的突然降低,还可分析顶底板岩层中水害发生的可能性。

4.1.4　测试装置布置

为了获得 A 组煤层开采时顶底板破坏范围,相似材料模拟时在 A 组煤层顶板设置一排电极,模拟钻孔电极布置,该钻孔倾角为 45°,顶板电极数为 64 个,电极间距为 1.5 cm,则钻孔长度为 94.5 cm,其控制垂直高度为 66.82 cm。同时在底板设置 64 个电极,电极间距为 1.5 cm,该钻孔与水平线夹角为 15°,用于测试底板破坏深度,则钻孔控制水平距离 l 为 91.28 cm,控制垂直高度 h 为 24.46 cm。顶底板电极组合可以形成孔—孔之间探测剖面,便于进行孔间电法 CT 测试。图 4-1 为观测系统及模型照片。

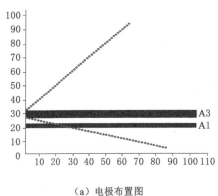 

（a）电极布置图   （b）试验模型图

图 4-1　观测系统及模型照片

4.1.5　测试数据采集与分析

开切眼位于模型右侧,距离模型边界 60 cm。每次开挖 5 cm,每隔 2 h 开挖一次,模型中每开挖 5 cm 相当于工作面推进 5 m,开挖至模型距左边界 60 cm。现场数据采集记录见表 4-1。

表 4-1　现场数据采集记录

采集时间	推迟记录	采集时间	推迟记录	采集时间	推迟记录
8:00	开始回采	23:00	回采至 60 cm	17:30	回采至 120 cm
10:30	回采至 30 cm	6:00	回采至 75 cm	21:00	回采至 135 cm
14:00	回采至 35 cm	7:20	回采至 80 cm	23:15	回采至 140 cm
15:00	回采至 40 cm	9:20	回采至 85 cm	1:20	回采至 155 cm
17:00	回采至 45 cm	11:00	回采至 90 cm	3:10	回采至 165 cm
19:00	回采至 50 cm	13:10	回采至 100 cm	5:10	回采至 175 cm
21:00	回采至 55 cm	15:00	回采至 110 cm	8:40	回采至 180 cm

现场 A 组煤层连续开挖,每半小时顶底板电法数据间隔采集,两天共完成 30 组数据采集。通过数据处理,获得顶底板不同时期跨孔电性剖面结果如图 4-2 所示。

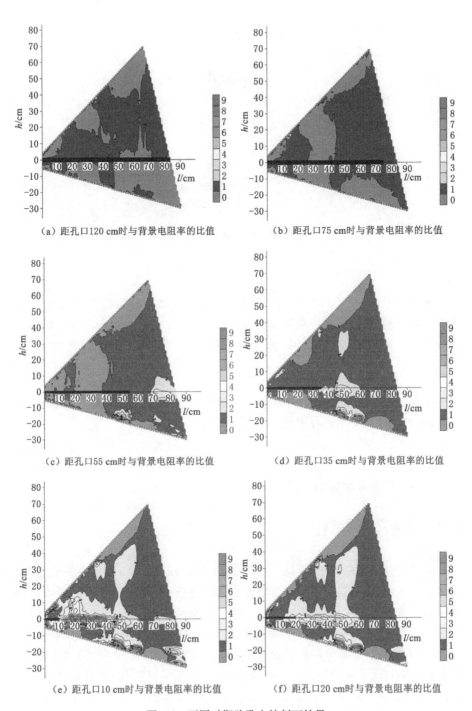

（a）距孔口120 cm时与背景电阻率的比值

（b）距孔口75 cm时与背景电阻率的比值

（c）距孔口55 cm时与背景电阻率的比值

（d）距孔口35 cm时与背景电阻率的比值

（e）距孔口10 cm时与背景电阻率的比值

（f）距孔口20 cm时与背景电阻率的比值

图 4-2　不同时期跨孔电性剖面结果

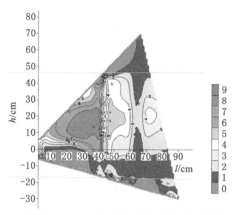

（g）超过孔口25 cm时（开挖结束）与背景电阻率的比值

图 4-2（续）

电场数据通过 AGI 软件处理，获得单次测试区域的电阻率分布剖面。由于模型条件限制，顶板岩层中裂隙发育相对较细小，为提高分辨率，对电阻率数据进行比值计算，将每次测试值 ρ_i 与背景电阻率 ρ_0 相比，即获得异常系数。

$$\gamma_{异} = \frac{\rho_i}{\rho_0} \tag{4-3}$$

可突出异常区，则 $\gamma_{异}$ 大于或小于1的位置为电性异常区域。因孔巷数据量大，这里仅选择其中部分测试电阻率比值剖面进行说明。

从图 4-2 中可以观测顶底板岩层变形与破坏的过程，其顶板岩层破坏最显著区域为顶板上方 0.48 m，而底板岩层破坏最显著区域为底板下方 0.19 m，分别相当于实际开采时的 48 m 和 19 m。

4.2　底板破坏规律

由以上分析可以看出，不同工作面长、不同水压作用下，采场底板受力变形规律是不同的，尤其通过不同条件对比时采场底板孔隙水压力分布可以看出，采空区未充填密实期间，孔隙水压力集中在工作面两端头下部，即底板突水可能出现在工作面上、下端头位置。当采空区压实后，在矸石压应力及底板水压作用下，原已采动破坏底板及完整岩梁进一步受到剪切作用，进而可能导致工作面中部突水。而突水通道的形成不但受面长、水压的影响，同时还与采高密切相关，为此，针对面长 120 m、160 m、200 m，水压 1 MPa、3 MPa、5 MPa，采高 1.0 m、2.0 m、3.0 m、4.0 m、5.0 m 等开采条件，分析采场底板破坏形态及破坏深度。

具体分析结果如图 4-3～图 4-11 所示。

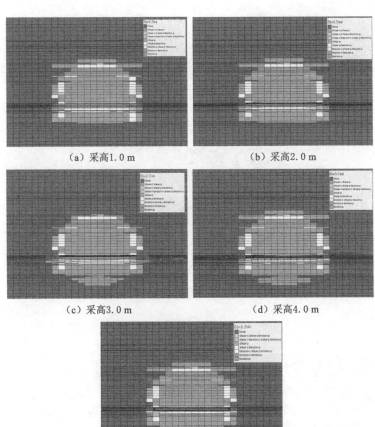

（a）采高1.0 m　　　　　　　　（b）采高2.0 m

（c）采高3.0 m　　　　　　　　（d）采高4.0 m

（e）采高5.0 m

图 4-3　面长 120 m、水压 1 MPa 时底板破坏

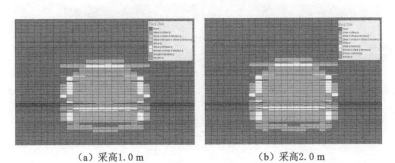

（a）采高1.0 m　　　　　　　　（b）采高2.0 m

图 4-4　面长 120 m、水压 3 MPa 时底板破坏

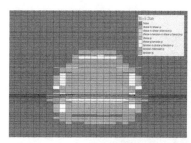

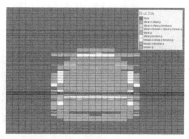

（c）采高3.0 m　　　　　　　　　　（d）采高4.0 m

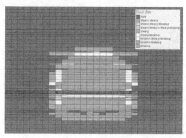

（e）采高5.0 m

图 4-4（续）

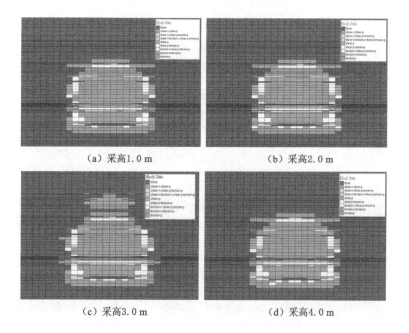

（a）采高1.0 m　　　　　　　　　　（b）采高2.0 m

（c）采高3.0 m　　　　　　　　　　（d）采高4.0 m

图 4-5　面长 120 m、水压 5 MPa 时底板破坏

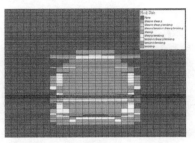

（e）采高5.0 m

图 4-5（续）

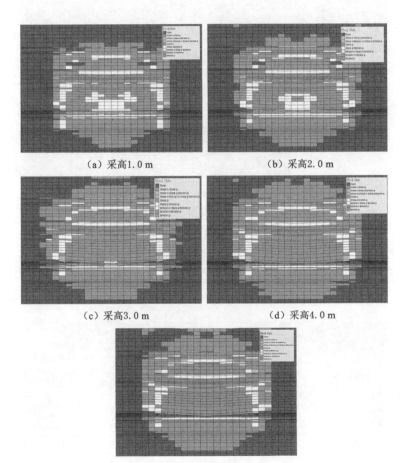

（a）采高1.0 m　　　　　　　　（b）采高2.0 m

（c）采高3.0 m　　　　　　　　（d）采高4.0 m

（e）采高5.0 m

图 4-6　面长 160 m、水压 1 MPa 时底板破坏

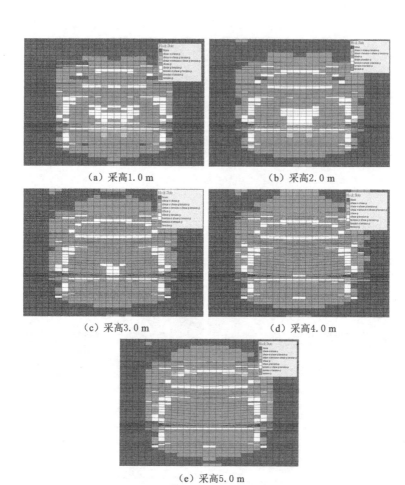

（a）采高1.0 m　　　　　　　　（b）采高2.0 m

（c）采高3.0 m　　　　　　　　（d）采高4.0 m

（e）采高5.0 m

图 4-7　面长 160 m、水压 3 MPa 时底板破坏

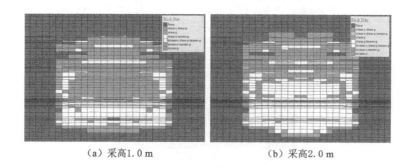

（a）采高1.0 m　　　　　　　　（b）采高2.0 m

图 4-8　面长 160 m、水压 5 MPa 时底板破坏

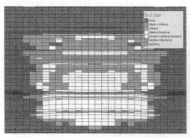

（c）采高3.0 m　　　　　　　　（d）采高4.0 m

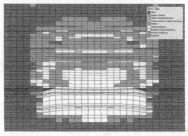

（e）采高5.0 m

图 4-8（续）

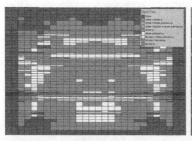
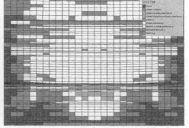

（a）采高1.0 m　　　　　　　　（b）采高2.0 m

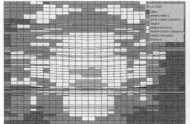
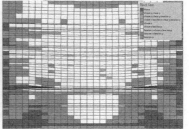

（c）采高3.0 m　　　　　　　　（d）采高4.0 m

图 4-9　面长 200 m、水压 1 MPa 时底板破坏

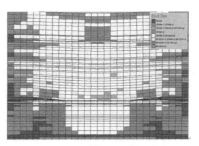

（e）采高5.0 m

图 4-9（续）

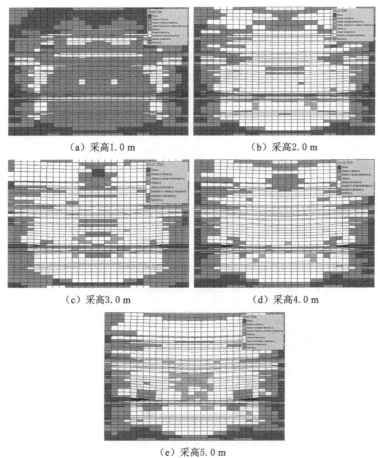

（a）采高1.0 m　　　　　　　　（b）采高2.0 m

（c）采高3.0 m　　　　　　　　（d）采高4.0 m

（e）采高5.0 m

图 4-10　面长 200 m、水压 3 MPa 时底板破坏

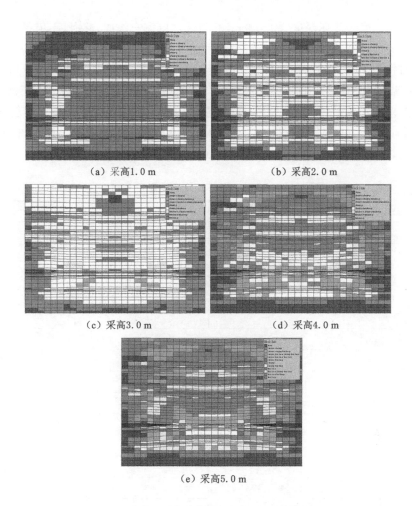

（a）采高1.0 m　　　　　　　　（b）采高2.0 m

（c）采高3.0 m　　　　　　　　（d）采高4.0 m

（e）采高5.0 m

图 4-11　面长 200 m、水压 5 MPa 时底板破坏

由以上分析表明,水岩耦合作用下采场底板破坏深度最初以工作面两端头
所对应底板位置最大,并随面长、采高及水压的增加呈增加趋势。

面长为 120 m、水压为 1 MPa、采高为 1 m 时,采场两端头底板破坏深度为
8.7 m;面长为 120 m、水压为 3 MPa、采高为 5 m 时,采场两端头底板破坏深度
为 13.1 m;面长为 120 m、水压为 5 MPa、采高为 5 m 时,采场两端头底板破坏
深度为 24.1 m,而此时,含水层与该破坏带逐渐开始沟通。

面长为 160 m、水压为 1 MPa、采高为 1 m 时,采场两端头底板破坏深度为
9.6 m;面长为 160 m、水压为 3 MPa、采高为 5 m 时,采场两端头底板破坏深度
为 21.3 m,与含水层逐渐开始沟通;面长为 160 m、水压为 5 MPa、采高 2 m 时,

采场两端头底板破坏深度为 26.1 m,并与含水层完全沟通,此时,不但是与两端头形成突水通道,工作面中部亦有突水可能性。

面长为 200 m 时与前两种情况有所不同,工作面中部受采空区垮落矸石作用,原已进入塑性破坏的岩层受水岩耦合作用形成剪切破坏带,最大破坏深度出现在工作面中部,水压为 1 MPa、采高为 5 m 时,采场两端头底板破坏深度为 28.2 m;水压为 3 MPa、采高为 2 m 时,与含水层完全沟通。结合图 4-3～图 4-11,不同开采条件下底板破坏深度统计如表 4-2 所列。

表 4-2　破坏深度统计表

破坏深度 H/m	面长 L/m	采高 M/m	水压 p/MPa
8.4		1.0	
8.5		2.0	
8.3	120	3.0	1
8.7		4.0	
8.7		5.0	
12.8		1.0	
12.7		2.0	
12.6	120	3.0	3
13.2		4.0	
13.1		5.0	
22.6		1.0	
21.9		2.0	
23.5	120	3.0	5
24.1		4.0	
24.1		5.0	
8.8		1.0	
8.8		2.0	
8.9	160	3.0	1
9.6		4.0	
9.6		5.0	

表 4-2(续)

破坏深度 H/m	面长 L/m	采高 M/m	水压 p/MPa
19.2		1.0	
18.9		2.0	
20.2	160	3.0	3
20.6		4.0	
21.3		5.0	
25.2		1.0	
25.8		2.0	
25.8	160	3.0	5
26.1		4.0	
26.1		5.0	
25.4		1.0	
29.6		2.0	
29.6	200	3.0	1
29.6		4.0	
29.6		5.0	
25.6		1.0	
32.7		2.0	
32.7	200	3.0	3
32.7		4.0	
32.7		5.0	
24.8		1.0	
32.8		2.0	
32.8	200	3.0	5
32.8		4.0	
32.8		5.0	

由表 4-2 不同条件下底板破坏深度值,通过 1stOpt 软件进行数据拟合[128-129],得到适合面长 100 m 以上的底板破坏深度拟合公式:

$$H = 57.1\ln(\sqrt{L}) + 0.09M^2 + 0.064\ 4\ e^p - 127.727\ (R^2 = 0.890\ 4)$$

$$(4\text{-}4)$$

4.3 底板破坏分区

按应力分布采场底板空间分区特征,并结合不同水压条件下底板塑性破坏规律分析可知,纵向破坏范围与应力分布特征呈现相互对应关系。对应不同破坏区及其受力形式和大小,由上向下分为三带:在煤层底板向下一定范围形成 A 带——充分破坏带;含水层向上到 A 带下边界为 B 带——潜在导水破坏带;潜在导水破坏带以下到底板非塑性破坏处为 C 带——塑性破坏带。纵向破坏分区与应力分区亦呈现相互对应关系,由图 4-12(b)可知,采空区被矸石密实充填后,随采动应力及水压作用底板变形量进一步增加,在采场中部形成剪切应力,随顶底板密切接触面积不断增加,剪切应力破坏区由采场中间位置向两侧逐渐扩展,同时向下延伸,在 A 带内形成三个区:采场中部①区以压应力为主,在原拉破坏基础上产生新的剪切破坏,称重复破坏区;两端头②区仍维系原有受力及破坏形式,但受中部压应力作用与①区间力学联系降低,进一步加剧了破坏深度及拉应力受力范围,称为破坏加剧区。

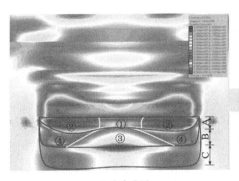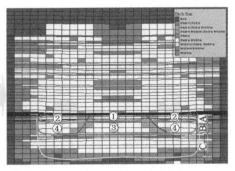

（a）应力分区　　　　　　　　　　　（b）破坏分区

①区—重复破坏区;②区—破坏加剧区;③区—损伤破坏区;④区—潜在透水破坏区。

图 4-12　底板应力与破坏分区

在底板含水层水压作用下,A 带中的剪切应力作用面向下延伸到 B 带范围内,在 B 带内形成三个分区,三个分区内各向主应力均比 A 带各分区岩体主应力高,体现在岩石强度上亦呈增强趋势,承担了有效阻隔底板突水的作用。中部③区从应力分布上看为拱形应力集中区域,从破坏形式上看受先拉后剪作用和矸石压实作用,三向应力增加幅度增大,尽管形成塑性破坏,但仍具备承载能力,称损伤破坏区;两侧剪切面到两端头形成④区,从受力上看该区内上下边界应力较高,而中部应力相对降低,具备一定承载强度,作为端头关键承载区,从破坏形式上看以拉剪破坏为主,与③区相比三向应力增加幅度不大,为潜在突水区域,称为潜在透水破坏区。

5　水岩耦合作用下底板岩梁受力变形时效性分析

5.1　采场底板围岩流变特性研究

煤(岩)体在外力作用下将产生变形。随着变形的不断增加,煤(岩)体内的损伤不断积累,裂隙不断扩展贯穿,最终导致破坏。三轴应力作用下煤岩的本构曲线如图 5-1 所示,可分为如下五个阶段[130-132]:

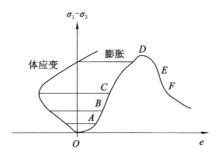

图 5-1　三轴应力作用下煤岩的本构曲线

(1) 压密阶段(OA):虽然压缩变形具非线性特征,但在该区域加载和卸载,煤岩的结构和性质并不产生不可逆的变化,这是一种可逆的平衡态。

(2) 弹性阶段(AB):系统内部没有宏观不可逆过程,处于均匀的变形状态,这也是一种平衡态。

(3) 稳定破裂发展阶段(BC):超过弹性极限后,煤(岩)体进入塑性变形阶段,体内微破裂开始出现且随应力差的增大而发展,当应力保持不变时,破裂也停止发展。变形开始出现不可逆过程,但这种过程容易被控制。如在此阶段停止加载,经过一定时间后系统将可能达到一个宏观上不随时间变化的恒定状态,即定态,如在蠕变-时间曲线上表现为蠕变值恒定。这种状态是一种近平衡态,它不会改变系统原来的空间均匀性,任何新的结构和状态都不可能产生。

（4）不稳定的破裂发展阶段（CD）：进入本阶段后，微破裂的发展出现了质的变化，由于破裂过程中所造成的应力集中效应显著，即使工作应力不变，破裂仍会不断地累进性发展，使薄弱环节依次破坏。此时，体应变转为膨胀，轴应变速率和侧向应变速率加速地增大。

在此阶段，微破裂在空间的分布上出现应变局部化，即已从无序向有序转化。由于微破裂的扩展是一个自发动态过程，系统离平衡态较远，一方面从外界吸收能量，另一方面又因内破裂发展释放能量（以声能或热能形式等），系统的宏观状态也将随时间变化（变形速率增大、膨胀），这是一种离平衡态较远的非平衡态。由于远离平衡态，仅仅是产生不稳定性的一个必要条件而非充分条件。因此，在此阶段，尽管系统处于非平衡态，但由于岩样的变形仍处于应变硬化阶段，系统的变形将是稳定的。在此阶段如果考虑时间因素，由于流变效应和累进性破坏，煤岩体也可能失稳，在此阶段则形成耗散结构。

（5）峰后阶段（EF）：煤（岩）体内部的微破裂面发展为贯通性的结构面。在外界因素的强制作用下，加载荷载大于煤岩样的承受能力，使变形速率急剧增大，在此阶段即使停止加载也不能保持稳定的平衡，系统已经远离平衡态，并使不稳定状态自发地变为动失稳（由 $E{\rightarrow}F$）。

5.2　实验室试验

岩石室内试验具有能够长期观察、可严格控制试验条件、排除次要因素影响、重复试验次数多和耗资少等特点。这些试验结果是描述岩石流变属性不可缺少的重要资料。为深入开展岩石和岩体流变属性的研究奠定了基础，同时还可揭示出岩石和岩体在不同受力条件下具有不同的流变属性。这就要求把不同应力水平和各种受力条件下岩石和岩体的流变属性作进一步的对比分析，以较全面地了解其流变性态，总结出流变规律。

5.2.1　常规试验

5.2.1.1　单轴压缩试验

本书试验所需岩样采自潘北煤矿底板灰岩，岩样取芯制取为标准尺寸，即高 $h=100$ mm，直径 $D=50$ mm，共制取试件 15 块，其中 4 块用于常规单轴试验。单轴压缩试验全应力-应变曲线如图 5-2 所示。

从图 5-2 中可以看出岩石单轴压缩应力-应变关系特征，岩石的单轴压缩试验全应力-应变曲线的形状大体上是类似的，一般可分为压密、弹性变形和向塑性变形过渡直到破坏这 3 个阶段。加载初期，轴向应力的增加量随轴向应变的

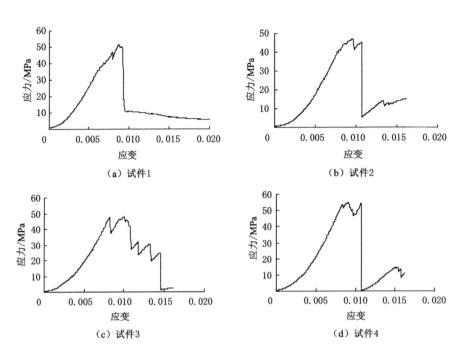

图 5-2　单轴压缩试验全应力-应变曲线

增加而增加,曲线呈上凹形状,这是由于岩石试件中的微裂隙或节理面压密而产生的。随后,在裂隙、弱节理面都闭合后,应力-应变关系则呈现近似于线弹性的关系,由于岩石中裂隙、节理面等的宽度不一样,则闭合的程度也不同,因此各曲线的线性部分长度也不同;当轴向应变继续增加,且岩石中的应力超过了其最大承载力,试件就开始破裂,应力-应变曲线转向下降,其特点是试件在破坏初期仍保持一定的强度。有的试件在破坏后,应力还存在部分回升的现象,这是因为破裂过程中孔隙结晶的崩坍使某些裂隙闭合的缘故。单轴压缩试验结果如表 5-1所列。

表 5-1　单轴压缩试验结果

岩样	岩石名称	试件尺寸/mm		试验抗压强度/MPa	弹性模量/GPa	泊松比
		直径	高度			
试件 1	灰岩	49.5	100.2	51.41	10.47	0.21
试件 2	灰岩	49.4	98.7	46.88	8.3	0.34
试件 3	灰岩	49.4	99.1	47.78	9.45	0.19
试件 4	灰岩	49.4	98.7	54.82	9.07	0.16

5.2.1.2 劈裂试验

对底板灰岩采样并制成标准试件($\phi50$ mm×25 mm 的圆柱体)进行测试，测定岩样的抗拉强度,具体如图 5-3 及表 5-2 所示。

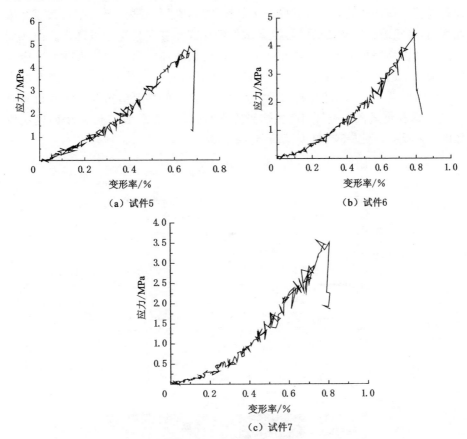

图 5-3 劈裂试验应力-应变曲线

表 5-2 劈裂试验结果

岩样	岩石名称	试件尺寸/mm		试验抗拉强度/MPa
		直径	高度	
试件 5	灰岩	49.4	25.32	4.79
试件 6	灰岩	49.4	23.54	4.42
试件 7	灰岩	49.5	23.6	3.57

5.2.2 流变试验

试验采用 MTS-815 液压伺服加载试验系统,采用单体分级加载方式进行,即首先将拟施加的最大载荷分成若干等级,然后在同一试件上由小到大逐级施加载荷,各级载荷所持续的时间根据试件的应变率变化情况予以确定。当蠕变观测到的位移增量小于 0.001 mm/h(由系统显示)时,即认为该级载荷所产生的蠕变基本趋于稳定,遂施加下一级载荷,根据岩石的试验方法,加载速率取为 0.5 MPa/s,第 $n+1$ 级载荷施加后在 t 时刻所产生的蠕变值为前 n 级载荷和第 $n+1$ 级载荷增量在相应时刻产生蠕变的叠加值。典型分级加载应力-时间曲线如图 5-4 所示。图 5-5 为蠕变试验照片。

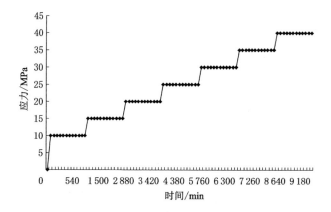

图 5-4　典型分级加载应力-时间曲线

图 5-5　蠕变试验照片

从 10 MPa 开始加载,加载级别分别为 15 MPa、20 MPa、25 MPa、30 MPa、

35 MPa、40 MPa，各级荷载维持时间为 24 h，即 1 440 min。具体如图 5-6～图 5-9所示。

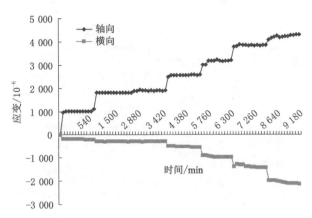

图 5-6　分级加载下试件 1 轴向、横向蠕变曲线

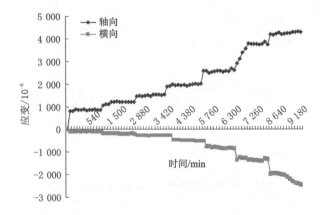

图 5-7　分级加载下试件 2 轴向、横向蠕变曲线

从 20 MPa 开始加载，加载级别分别为 25 MPa、30 MPa、35 MPa、40 MPa、45 MPa、50 MPa，各级荷载维持时间为 24 h，即 1 440 min。具体如图 5-9～图 5-11所示。

每级荷载都有瞬时形变，其后为蠕变变形，存在一个蠕变应力阈值，当应力值小于该阈值时，蠕变很快衰减趋于零，即只有第一阶段蠕变；当应力值大于该阈值时，蠕变趋于稳定，即产生第二阶段蠕变。从统计数据分析，蠕变应力阈值约为瞬时单轴抗压强度的 60%～70%。

随着荷载的增大，单位应力增量下的蠕变变形量与瞬时变形量相比逐渐增

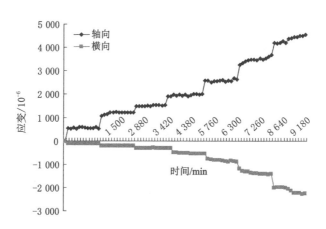

图 5-8　分级加载下试件 3 轴向、横向蠕变曲线

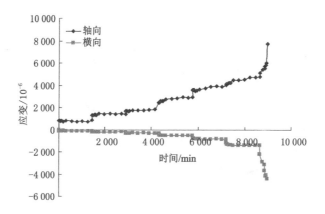

图 5-9　分级加载下试件 4 轴向、横向蠕变曲线

大,图 5-12 和图 5-13 中的轴向、横向曲线均表明了这种趋势。图 5-12 中轴向蠕变单位增量曲线在荷载级别 30 MPa 时呈现急剧增长趋势,与第二组试件相比,35 MPa 时该增长势头更强,呈现了加速蠕变过程。

5.2.3　岩石蠕变力学模型及模型参数的确定

弹性黏滞性体又称麦克斯韦(Maxwell)体[130],简称 M 体。M 体具有瞬时变形、等速蠕变和松弛的性质,有学者[132-135]将该模型用来描述地壳深部岩体性态,在长期应力作用下反映出黏流的特性;也有学者[136-138]用该模型模拟石灰岩、硬砂岩与砂页岩、页岩等软弱相间的层状沉积岩或垂直于层面方向受力的层状岩体。

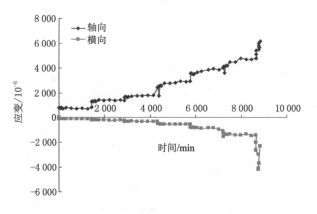

图 5-10　分级加载下试件 5 轴向、横向蠕变曲线

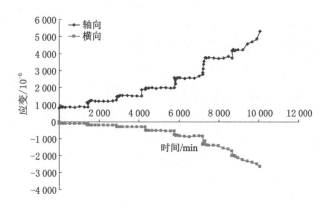

图 5-11　分级加载下试件 6 轴向、横向蠕变曲线

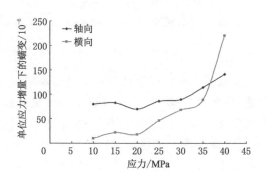

图 5-12　第一组试件蠕变单位增量曲线

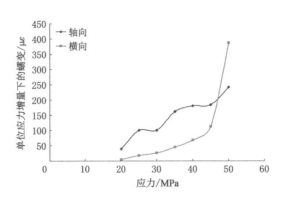

图 5-13 第二组试件蠕变单位增量曲线

$$\varepsilon(t) = J(t)\sigma \tag{5-1}$$

蠕变柔量和松弛弹性模量之间的关系如下：

$$\int_0^t E(t)J(t)\mathrm{d}t = t \tag{5-2}$$

式中 $E(t)$——松弛弹性模量；

$J(t)$——蠕变柔量；

t——时间历程。

结合式(5-2)，对时间域进行离散，建立 $E(t)$ 和 $J(t)$ 的迭代表达式，即可将试验所得蠕变柔量转化为松弛弹性模量。

$$E(t_{n+\frac{1}{2}}) = \frac{t_{n+1} - \sum_{i=0}^{n-1} E(t_{i+\frac{1}{2}})\left[f(t_{n+1} - t_i) - f(t_{n+1} - t_{i+1}) \right]}{f(t_{n+1} - t_n)} \tag{5-3}$$

式中：$E(t_{n+\frac{1}{2}})$为 t_n，t_{n+1}时间区间的中值；n 为采集样点；$f(0)=0$。

$$f(t_{n+1}) = f(t_n) + \frac{1}{2}\left[J(t_{n+1}) + J(t_n) \right](t_{n+1} - t_n) \tag{5-4}$$

根据承压水体上开采底板受力特性以及试验中的应力水平，采用 Maxwell 模型来描述。按试验数据，分别对荷载 30 MPa 及以上各分级荷载进行分析。各分级荷载试件轴向蠕变曲线如图 5-14 所示；在各级应力水平下试件轴向蠕变各参数如表 5-3 所列；不同荷载条件下试件轴向松弛特征如图 5-15 所示；各分级荷载试件横向蠕变曲线如图 5-16 所示；在各分级应力水平下试件横向蠕变各参数如表 5-4 所列；不同荷载条件下试件横向松弛特征如图 5-17 所示。

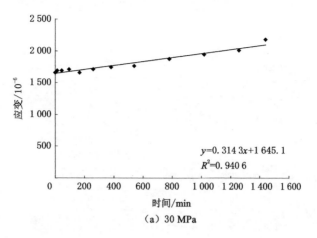

（a）30 MPa

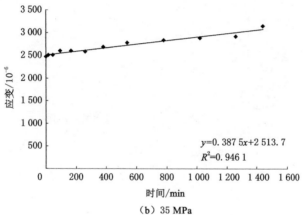

（b）35 MPa

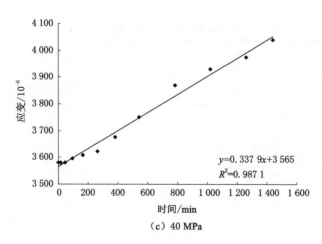

（c）40 MPa

图 5-14　各分级荷载试件轴向蠕变曲线

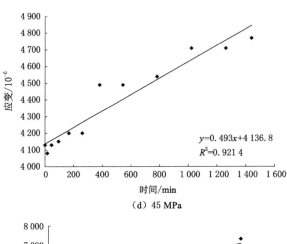

（d）45 MPa

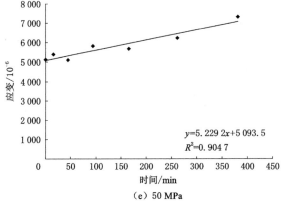

（e）50 MPa

图 5-14（续）

表 5-3　在各级应力水平下试件轴向蠕变各参数

轴向应力 σ/MPa	30	35	40	45	50
E_0/GPa	18.24	13.93	11.22	10.89	9.82
η/(GPa·d)	66.28	63.01	82.21	63.4	6.64

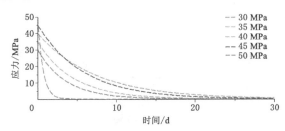

图 5-15　不同荷载下试件轴向松弛特征

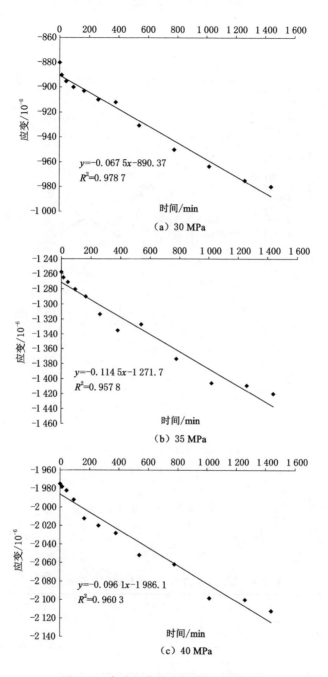

图 5-16　各分级荷载试件横向蠕变曲线

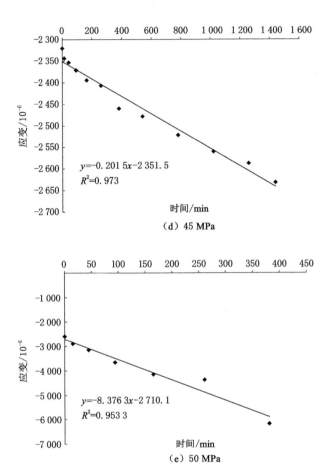

图 5-16(续)

表 5-4　在各级应力水平下试件横向蠕变各参数

横向应力 σ/MPa	16.2	17.7	22.3	25.6	26.6
E_0/GPa	18.24	13.93	11.22	10.89	9.82
η/(GPa·d)	166.67	107.35	161.15	88.23	2.21

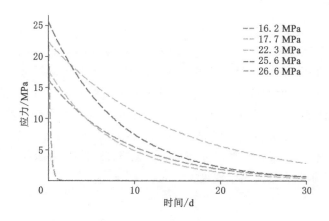

图 5-17　不同荷载下试件横向松弛特征

5.3　底板岩梁受力时效性分析

针对岩体动力失稳现象,李术才等[139]基于损伤力学中等效应变和有效应力的概念,建立考虑节理裂隙断裂损伤耦合的力学模型;陈卫忠、徐卫亚、郑少河等[140-144]基于断裂损伤力学推导了裂隙岩体的本构关系及损伤演化方程;赵延林等[145]从岩体结构力学和细观损伤力学的角度出发,根据裂隙发育与工程尺度的关系,建立了合理且适用的裂隙岩体渗流-损伤-断裂耦合数学模型;赵吉坤等[146-147]基于应变空间理论导出弹塑性损伤细观模型,采用有限元计算方法实现岩石三维破裂过程的数值模拟。刘建新、谢和平等[148-150]将岩体动力破裂问题称为两体问题,建立了两体系统的力学模型。在外荷载作用下,分析了岩体系统内各部分之间也有着能量传递和转移及两体系统失稳发生的条件和过程,并给出了岩体动力失稳的临界条件,确定了岩体动力失稳的弹性能释放终止点位置。

本书基于采场底板三带划分,将充分破坏带视为黏弹性体,其下部完整隔水层视为弹性体,在采动应力及底板水压综合作用下,时间累积量的增长使得黏弹性岩梁抗弯能力下降,底板完整弹性岩梁挠度及应力随之发生变化,可以通过与岩体最大承载能力对比判定其稳定与否。

5.3.1 底板岩梁力学模型

5.3.1.1 力学模型的建立

煤层开采后,必然会引起采动空间内应力的重新分布,产生围岩变形、破坏、垮落等形式的矿压显现。对于沿采场倾向范围,由于顶板岩层垮落拱的形成及其上覆岩层回转产生的压力作用,使得采场底板沿倾向应力 $q_1(x)$ 从上下两巷对应位置最低部向工作面中部逐渐升高;与之相反,对于受采动影响范围内的底板岩层而言,其应力 $q_2(x)$ 从上下两巷对应位置最高部向工作面中部逐渐降低,从而形成如图 5-18 所示的受力分布形式。图 5-18 中 h_1 为承载能力薄弱带岩梁厚度,h_2 为承载突水关键带厚度。

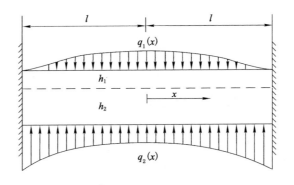

图 5-18　力学模型

5.3.1.2　载荷分布形式的确定

两参数 Weibull 分布的密度函数为:

$$f(x) = \begin{cases} 0 & x \leqslant 0 \\ \dfrac{mx^{m-1}}{n^m} e^{-(\frac{x}{n})^m} & x > 0 \end{cases} \tag{5-5}$$

式中　m——形状参数;

　　　n——刻度参数。

Weibull 分布形状参数 m 值决定了密度函数曲线的形状。当 $m=1$ 时,Weibull 分布为指数分布;当 $0<m<1$ 时,图像为以 $f(x)$ 轴和 x 轴为渐近的曲线;当 $m>1$ 时,曲线形成单峰形状,随着 m 值的增大,峰值越高,图像越窄。当 $n=2$ 时,随 m 值的不断变化,曲线形状如图 5-19 所示。

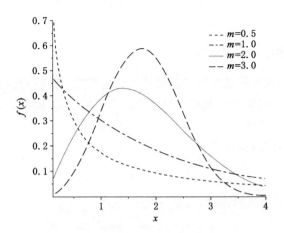

图 5-19　两参数 Weibull 分布曲线

对刻度参数 n 而言，当 m 固定不变时，随刻度参数 n 的增加，曲线峰值不断下降，且范围不断增加。当 $m=2$ 时，不同 n 的取值，曲线形态如图 5-20 所示。

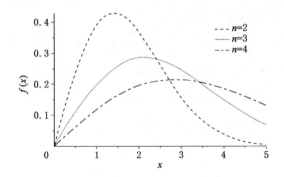

图 5-20　参数 n 变化时曲线形态

设底板岩梁上下荷载符合 Weibull 分布，并结合坐标位置关系，确定 $q_1(x)$、$q_2(x)$ 公式如下：

$$\begin{cases} q_1(x) = k_1 \dfrac{m_1 \, (l - \mid x \mid)^{m_1-1}}{n_1{}^{m_1}} \mathrm{e}^{-(\frac{\mid x \mid}{n_1})^{m_1}} \\[3mm] q_2(x) = -k_2 \dfrac{m_2 \, (l - \mid x \mid)^{m_2-1}}{n_2{}^{m_2}} \mathrm{e}^{-(\frac{\mid x \mid}{n_2})^{m_2}} + (1+\lambda)p \end{cases} \tag{5-6}$$

式中　k_1，k_2——常数，Pa；

　　m_1，n_1，m_2，n_2——Weibull 函数双参数；

　　L——尺寸常数，m；

　　λ——常系数；

p——水压,Pa。

5.3.2 底板岩梁受力变形分析

为考察黏弹性岩梁随时间累积量的增长抗弯能力下降对弹性岩梁受力的影响,分析底板弹性岩梁挠度及应力与之变化的关系,采用能量法进行分析。

5.3.2.1 岩梁内能量

底板弹性岩梁内应变能量为:

$$U_e = \frac{EI}{2} \int_0^l k^2 \, \mathrm{d}x \tag{5-7}$$

式(5-7)中 k 为岩梁曲率,可由下式表达:

$$k = \frac{\mathrm{d}^2 v}{\mathrm{d}x^2} \left[1 - \left(\frac{\mathrm{d}v}{\mathrm{d}x}\right)^2 \right]^{-\frac{3}{2}} \tag{5-8}$$

式(5-7)和式(5-8)合并有:

$$U_e = \frac{EI}{2} \int_0^l \left(\frac{\mathrm{d}^2 v}{\mathrm{d}x^2}\right)^2 \left[1 - \left(\frac{\mathrm{d}v}{\mathrm{d}x}\right)^2 \right]^{-3} \mathrm{d}x \tag{5-9}$$

黏弹性岩梁应变能量公式为:

$$U_p = \int_0^\varepsilon \sigma \mathrm{d}\varepsilon \tag{5-10}$$

设 $\sigma = Y(t)\varepsilon$,则黏弹性岩梁应变能量为:

$$U_p = \int_0^A \int_0^\varepsilon \sigma \mathrm{d}\varepsilon \mathrm{d}A = \int_0^l \int_0^{h_1} \int_0^\varepsilon E(t)\varepsilon \mathrm{d}\varepsilon \mathrm{d}x \mathrm{d}y = \int_0^l \int_0^{h_1} \frac{1}{2} Y(t)\varepsilon^2 \mathrm{d}x \mathrm{d}y \tag{5-11}$$

若以 Maxwell 为本构模型,则松弛模量为:

$$Y(t) = E \mathrm{e}^{-\frac{E t}{\eta}} \tag{5-12}$$

且 $\varepsilon(y,t) = \dfrac{y}{\rho(t)} = ky$。

式(5-11)变为:

$$U_p = \int_0^l 2 \int_0^{\frac{h_1}{2}} \frac{1}{2} Y(t) \cdot (ky)^2 \mathrm{d}y \mathrm{d}x = \frac{h_1^3}{24} \int_0^l Y(t) \cdot (v'')^2 \mathrm{d}x = \frac{h_1^3}{24} \int_0^l E \mathrm{e}^{-\frac{E t}{\eta}} (v'')^2 \mathrm{d}x \tag{5-13}$$

5.3.2.2 外力做功

$q_1(x)$ 所做的功为:

$$U_{q_1} = \int_0^l q_1(x) v(x) \mathrm{d}x \tag{5-14}$$

$q_2(x)$ 所做的功为:

$$U_{q_2} = \int_0^l q_2(x) v(x) \mathrm{d}x \tag{5-15}$$

5.3.2.3 系统势能

整个系统势能表达式[151]：

$$\Pi = U_e + U_p - U_{q_1} - U_{q_2}$$

$$= \frac{EI}{2}\int_0^l \left(\frac{\mathrm{d}^2 v}{\mathrm{d}x^2}\right)^2 \left[1 - \left(\frac{\mathrm{d}v}{\mathrm{d}x}\right)^2\right]^{-3}\mathrm{d}x + \frac{h_1^3}{24}\int_0^l Ee^{-\frac{E}{\eta}}(v'')^2\mathrm{d}x -$$

$$\int_0^l q_1(x)v(x)\mathrm{d}x - \int_0^l q_2(x)v(x)\mathrm{d}x \tag{5-16}$$

对势函数 Π 逐项进行一阶、二阶变分。

式(5-16)第一项：

$$\delta\left\{\frac{EI}{2}\int_0^l \left(\frac{\mathrm{d}^2 v}{\mathrm{d}x^2}\right)^2 \left[1 - \left(\frac{\mathrm{d}v}{\mathrm{d}x}\right)^2\right]^{-3}\mathrm{d}x\right\}$$

$$= \frac{EI}{2}\int_0^l \delta\left[\frac{(v'')^2}{[1-(v')^2]^3}\right]\mathrm{d}x$$

$$= \frac{EI}{2}\int_0^l \frac{[1-(v')^2]^3 \delta(v'')^2 - (v'')^2\delta[1-(v')^2]^2}{[1-(v')^2]^6}\mathrm{d}x$$

$$= \frac{EI}{2}\int_0^l \frac{2[1-(v')^2]^3 v''\delta v'' - 4v'(v'')^2[1-(v')^2]\delta v'}{[1-(v')^2]^6}\mathrm{d}x \tag{5-17}$$

考虑到梁的挠度一般远小于跨度，v' 很小，$(v')^2$ 与 1 相比可以省略，则有：

$$\frac{EI}{2}\int_0^l \frac{2[1-(v')^2]^3 v''\delta v'' - 4v'(v'')^2[1-(v')^2]\delta v'}{[1-(v')^2]^6}\mathrm{d}x = \frac{EI}{2}\int_0^l 2v''\delta v''\mathrm{d}x \tag{5-18}$$

$$\delta^2\left\{\frac{EI}{2}\int_0^l \left(\frac{\mathrm{d}^2 v}{\mathrm{d}x^2}\right)^2 \left[1 - \left(\frac{\mathrm{d}v}{\mathrm{d}x}\right)^2\right]^{-3}\mathrm{d}x\right\} = \delta\left(\frac{EI}{2}\int_0^l 2v''\delta v''\mathrm{d}x\right) = EI\int_0^l (\delta v'')^2\mathrm{d}x \tag{5-19}$$

式(5-16)第二项：

$$\delta\left\{\frac{h_1^3}{24}\int_0^l Ee^{-\frac{E}{\eta}}(v'')^2\mathrm{d}x\right\} = \int_0^l \frac{Eh_1^3 e^{-\frac{E}{\eta}t}}{12}v''\delta v''\mathrm{d}x \tag{5-20}$$

$$\delta^2\left\{\frac{h_1^3}{24}\int_0^l Ee^{-\frac{E}{\eta}}(v'')^2\mathrm{d}x\right\} = \int_0^l \frac{Eh_1^3 e^{-\frac{E}{\eta}t}}{12}(\delta v'')^2\mathrm{d}x \tag{5-21}$$

式(5-16)第三项：

$$\delta\left\{\int_0^l q_1(x)v(x)\mathrm{d}x\right\} = \int_0^l q_1(x)\delta v\mathrm{d}x \tag{5-22}$$

$$\delta^2\left\{\int_0^l q_1(x)v(x)\mathrm{d}x\right\} = \delta\left\{\int_0^l q_1(x)\delta v\mathrm{d}x\right\} = 0 \tag{5-23}$$

式(5-16)第四项：

$$\delta\left\{\int_0^l q_2(x)v(x)\mathrm{d}x\right\} = \int_0^l q_2(x)\delta v\mathrm{d}x \tag{5-24}$$

$$\delta^2 \left\{ \int_0^l q_2(x) v(x) \mathrm{d}x \right\} = \delta \left\{ \int_0^l q_2(x) \delta v \mathrm{d}x \right\} = 0 \qquad (5\text{-}25)$$

因此：

$$\delta^2 \left\{ \frac{EI}{2} \int_0^l \left(\frac{d^2 v}{dx^2} \right)^2 \left[1 - \left(\frac{dv}{dx} \right)^2 \right]^{-3} \mathrm{d}x + \frac{h_1^3}{24} \int_0^l E e^{-\frac{E}{\eta}} (v'')^2 \mathrm{d}x - \int_0^l q_1(x) v(x) \mathrm{d}x - \right.$$

$$\left. \int_0^l q_2(x) v(x) \mathrm{d}x \right\} = EI \int_0^l (\delta v'')^2 \mathrm{d}x + \int_0^l \frac{E h_1^3 e^{-\frac{E}{\eta}t}}{12} (\delta v'')^2 \mathrm{d}x > 0 \qquad (5\text{-}26)$$

由式(5-26)可见满足必要条件。接下来对势函数一阶变分，以求得挠度曲线方程 $v(x,t)$。

$$\frac{EI}{2} \int_0^l 2v'' \delta v'' \mathrm{d}x + \int_0^l \frac{E h_1^3 e^{-\frac{E}{\eta}t}}{12} v'' \delta v'' \mathrm{d}x - \int_0^l q_1(x) \delta v \mathrm{d}x - \int_0^l q_2(x) \delta v \mathrm{d}x = 0 \quad (5\text{-}27)$$

$$\int_0^l (EIv'')'' \delta v \mathrm{d}x - (EIv'')' \delta v \big|_0^l + (EIv'') \delta v' \big|_0^l + \frac{E h_1^3 e^{-\frac{E}{\eta}t}}{12} \int_0^l v'''' \delta v \mathrm{d}x -$$

$$\frac{E h_1^3 e^{-\frac{E}{\eta}t}}{12} v''' \delta v \big|_0^l + \frac{E h_1^3 e^{-\frac{E}{\eta}t}}{12} v'' \delta v' \big|_0^l - \int_0^l q_1(x) \delta v \mathrm{d}x - \int_0^l q_2(x) \delta v \mathrm{d}x = 0 \qquad (5\text{-}28)$$

对于挠度曲线方程 $v(x,t)$，当 $x=0$、$x=l$ 时，即 $v(x,t)\big|_{x=0,l}=0$，则 $\frac{\partial v(x,t)}{\partial x}\big|_{x=0,l}=0$。

式(5-28)简化为：

$$\int_0^l (EIv'')'' \delta v \mathrm{d}x + (EIv'') \delta v' \big|_0^l + \frac{E h_1^3 e^{-\frac{E}{\eta}t}}{12} \int_0^l v'''' \delta v \mathrm{d}x +$$

$$\frac{E h_1^3 e^{-\frac{E}{\eta}t}}{12} v'' \delta v' \big|_0^l - \int_0^l q_1(x) \delta v \mathrm{d}x - \int_0^l q_2(x) \delta v \mathrm{d}x = 0$$

$$\int_0^l \left(\frac{E h_2^3}{12} + \frac{E h_1^3 e^{-\frac{E}{\eta}t}}{12} \right) v'''' \delta v \mathrm{d}x + \left(EI + \frac{E h_1^3 e^{-\frac{E}{\eta}t}}{12} \right) v'' \delta v' \bigg|_0^l -$$

$$\int_0^l q_1(x) \delta v \mathrm{d}x - \int_0^l q_2(x) \delta v \mathrm{d}x = 0$$

即：

$$\left(\frac{E h_2^3}{12} + \frac{E h_1^3 e^{-\frac{E}{\eta}t}}{12} \right) v'''' - q_1(x) - q_2(x) = 0 \qquad (5\text{-}29)$$

边界条件：$v(x,t)\big|_{x=-l}=0$，$v(x,t)\big|_{x=l}=0$，$\frac{\partial v(x,t)}{\partial x}\bigg|_{x=-l}=0$，$\frac{\partial v(x,t)}{\partial x}\bigg|_{x=l}=0$。

结合第 3 章破坏深度计算公式有：

$$h_1 = 57.1 \ln \sqrt{l} + 0.09 m^2 + 0.064\,4 e^p - 127.727 \qquad (5\text{-}30)$$

则：

$$h_2 = H - (57.1\ln\sqrt{l} + 0.09m^2 + 0.0644e^p - 127.727) \qquad (5\text{-}31)$$

将式(5-30)、式(5-31)代入式(5-29)中有：

$$\left[\frac{E\,(H-57.1\ln\sqrt{l}-0.09m^2-0.064\,4e^p+127.727)^3}{12} + \right.$$

$$\left.\frac{E\,(57.1\ln\sqrt{l}+0.09m^2+0.064\,4e^p-127.727)^3\,e^{-\frac{E}{\eta}t}}{12}\right]v'''' = q_2(x) - q_1(x)$$

即：

$$\left[\frac{E\,(H-57.1\ln\sqrt{l}-0.09m^2-0.064\,4e^p+127.727)^3}{12} + \right.$$

$$\left.\frac{E\,(57.1\ln\sqrt{l}+0.09m^2+0.064\,4e^p-127.727)^3\,e^{-\frac{E}{\eta}t}}{12}\right]v''''$$

$$= -k_2\,\frac{m_2\,(l-|x|)^{m_2-1}}{n_2{}^{m_2}}e^{-(\frac{|x|}{n_2})^{m_2}} + (1+\lambda)p - k_1\,\frac{m_1\,(l-|x|)^{m_1-1}}{n_1{}^{m_1}}e^{-(\frac{|x|}{n_1})^{m_1}}$$

$$(5\text{-}32)$$

5.3.2.4 岩梁受力变形规律分析

(1) 上下边界应力的确定

在采高为 3 m、面长为 160 m 情况下，数值模拟采场底板上边界受煤层顶板垮落矸石及上覆岩层转动变形的作用，利用其承载的压应力进行曲线拟合，岩梁上边界受力拟合曲线如图 5-21 所示。

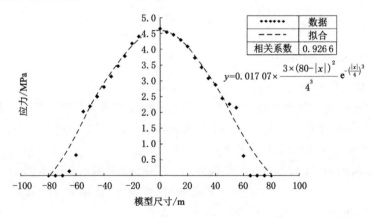

图 5-21 岩梁上边界受力拟合曲线

采高为 3 m、面长为 160 m、水压为 4.5 MPa 时，底板岩梁下边界竖向应力拟合曲线如图 5-22 所示。

据此有：$m_1 = m_2 = 3$，$n_1 = n_2 = 4$，$l = 80$ m，$H = 35.5$ m，$M = 3$ m，$\lambda = 3.85$，

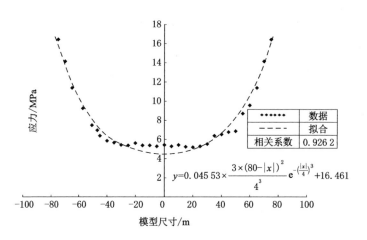

图 5-22　岩梁下边界受力拟合曲线

$k_2 = 8.2 \times 10^6$。

则式(5-32)变为：

$$\left[\frac{E\left(H - 57.1\ln\sqrt{160} - 0.09 \times 3^2 - 0.064\,4e^p + 127.727\right)^3}{12} + \right.$$

$$\left. \frac{E\left(57.1\ln\sqrt{160} + 0.09 \times 3^2 + 0.064\,4e^p - 127.727\right)^3 e^{-\frac{E}{\eta}t}}{12} \right] v''''$$

$$= -0.045\,53 \times \frac{3 \times (80 - |x|)^2}{4^3} e^{-\left(\frac{|x|}{4}\right)^3} + 16.461 +$$

$$0.017\,07 \times \frac{3 \times (80 - |x|)^2}{4^3} e^{-\left(\frac{|x|}{4}\right)^3} \tag{5-33}$$

（2）挠度变形

为考察底板岩梁不同力学性质、不同底板水压作用下其变形情况,现通过弹性模量 E、黏滞系数 η 及水压 p 的变化来分析底板岩梁随时间变化的挠度曲线。

① 弹性模量对底板的影响。

采场未采取疏放措施前底板水压 p 为 4.5 MPa,黏滞系数 η 保持 45 GPa·h(相当 1.875 GPa·d)不变,弹性模量 E 分别为 15 GPa、25 GPa、35 GPa时,底板变形挠度曲线如图 5-23。

挠度曲线呈上凸形,结合力学模型(图 5-18)边界条件及上、下边界受力,挠度曲线最高点位于工作面正中间。由图 5-23 可知:弹性模量 E 分别为 15 GPa、25 GPa、35 GPa 所对应的最大底板挠度为 980 mm、592 mm、441 mm,说明提高底板岩梁弹性力学性质有助于增强其抗形变能力。

② 黏滞系数对底板的影响。

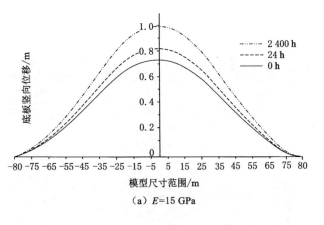

（a）$E=15$ GPa

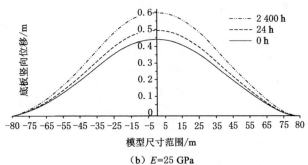

（b）$E=25$ GPa

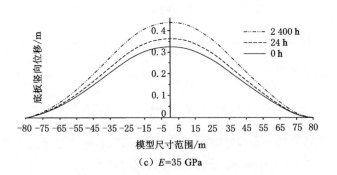

（c）$E=35$ GPa

图 5-23　不同弹性模量时底板形变挠度曲线

　　底板水压 p 为 4.5 MPa、弹性模量为 35 GPa 保持不变,黏滞系数 η 分别为 40 GPa·h(相当 1.67 GPa·d)、50 GPa·h(相当 2.08 GPa·d)、60 GPa·h(相当 2.5 GPa·d)时,底板变形挠度曲线如图 5-24 所示。

　　由图 5-24 曲线分析可知,水岩耦合作用下,岩梁不同黏滞系数使得底板最

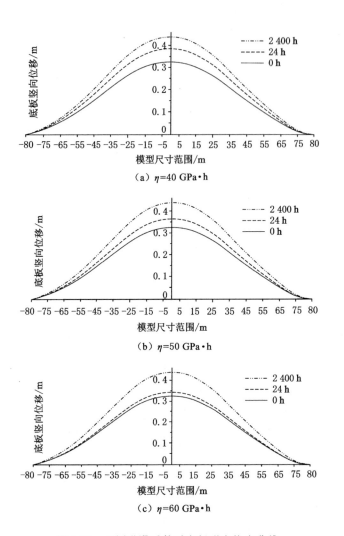

（a）$\eta=40\ \text{GPa}\cdot\text{h}$

（b）$\eta=50\ \text{GPa}\cdot\text{h}$

（c）$\eta=60\ \text{GPa}\cdot\text{h}$

图 5-24　不同黏滞系数时底板形变挠度曲线

大挠度终值相同（440 mm），但随黏滞系数增加，底板抗变形能力加强，也就意味着黏滞系数越大，同样形变挠度所需时间累积量越大。

③ 水压对底板的影响。

黏滞系数 η 为 35 GPa·h，弹性模量 E 为 45 GPa 保持不变，水压 p 分别为 1.5 MPa、2.5 MPa、4.5 MPa 时，底板变形挠度曲线如图 5-25 所示。

由图 5-25 可知，随着水压的增加，底板岩梁挠度随之增大，底板岩梁最大挠度由 1.5 MPa 时的 276 mm 增大到 4.5 MPa 的 441 mm，受黏弹性岩梁抗弯能力影响，挠度曲线随时间呈渐增趋势。

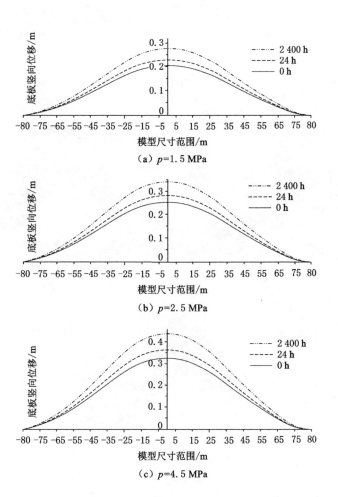

（a）$p=1.5$ MPa

（b）$p=2.5$ MPa

（c）$p=4.5$ MPa

图 5-25　不同底板水压时底板形变挠度曲线

（3）岩梁受力分析

综上所述，可得出各驻值点，设为(x_i, t_i)，极值点判别公式：

$$\left[\frac{\partial^2 v(x,t)}{\partial x^2}\bigg|_{\substack{x=x_i \\ t=t_i}}\right] \cdot \left[\frac{\partial^2 v(x,t)}{\partial t^2}\bigg|_{\substack{x=x_i \\ t=t_i}}\right] - \left[\frac{\partial^2 v(x,t)}{\partial x\partial t}\bigg|_{\substack{x=x_i \\ t=t_i}}\right]^2 > 0 \qquad (5\text{-}34)$$

即：

$$EI\frac{\partial v^2(x,t)}{(\partial x)^2}\bigg|_{\substack{x=x_i \\ t=t_i}} = M_{max} \qquad (5\text{-}35)$$

$$\sigma_{max} = \frac{M_{max}h_{max}}{I_z} \qquad (5\text{-}36)$$

由底板岩梁拉应力计算公式(5-40)，可求得不同深度内应力值，据此判定完整岩梁的稳定性。以 $E=35$ GPa、$\eta=45$ GPa·h、$p=4.5$ MPa 为例分析完整岩梁的受力情况,具体如图 5-26 所示。

$$\sigma = Eh \frac{\partial v^2(x,t)}{(\partial x)^2} \tag{5-37}$$

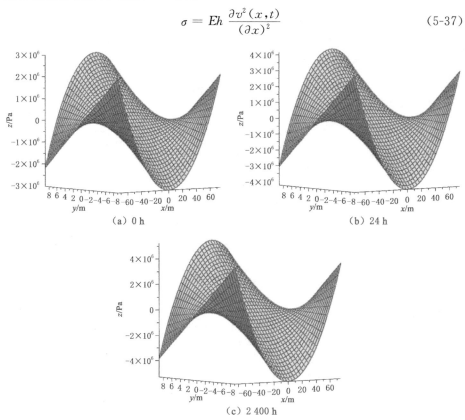

(a) 0 h

(b) 24 h

(c) 2 400 h

(图中 z 轴为应力,Pa;y 轴为完整岩梁中性轴与上、下边界的距离,m;x 轴为工作面长度,m。)

图 5-26　不同时间底板岩梁内应力分布

图 5-26 表明:弹性岩梁受力后中性轴以上两端受压,中间受拉,且最大拉应力大于最大压应力,中性轴以下则与之相反。

6 现场应用

6.1 水文地质条件

6.1.1 主要含水层(组)赋存特征

潘北矿区井田范围内 A 组煤底板岩层下伏含水层为太原组灰岩和奥陶系灰岩,属海相沉积,与太原组灰岩含水层(组)距离较近,直接受其威胁程度最高。太原组灰岩含水层(组)地层总厚度为 107.98～118.04 m,平均厚度为 113.09 m;含薄层灰岩 12～13 层,灰岩总厚度为 40.48～52.70 m,平均厚度为 46.75 m,占地层平均总厚度的 41.33%,划分为三组,自上而下叙述如下:

(1) C3Ⅰ组

C31 灰顶至 C34 灰顶,含 C31、C32、C33$_上$、C33$_下$ 灰岩 4 层,组厚为28.07～49.19 m,平均厚度为 36.04 m;灰岩总厚度为 12.90～29.32 m,平均厚度为 19.72 m,占平均组厚的 54.7%。各层灰岩中,以 C33$_上$、C33$_下$ 灰岩最厚,C32 灰岩分布不稳定。

据抽水试验资料可知,单位涌水量 $q=0.000\,06～0.020\,5$ L/(s・m),渗透系数 $K=0.000\,15～0.109$ m/d,富水性弱,水温为 23.0～29.5 ℃,矿化度为 1.95～2.55 g/L,水质 Cl—K＋Na 型。1984 年初测水位标高为 23.319～25.068 m(十西 C3Ⅰ-2孔)。

C3Ⅰ组灰岩含水层底部隔水层厚(C33$_下$ 底板至 C34 灰岩顶板)0.56～8.88 m,平均厚度为 2.79 m。岩性为银灰色铝土岩、浅灰色铝质泥岩、灰至深灰色砂质泥岩,局部见砂岩,偶见煤线和碳质泥岩。含铝质为其主要特征。

(2) C3Ⅱ组

C34 灰顶至 C310 灰顶,含 C34、C35、C36、C37、C38、C39 灰岩 6 层,组厚为41.58～58.63 m,平均厚度为 48.39 m;灰岩总厚度为 14.93～17.37 m,平均总厚度为 16.07 m,占平均组厚的 33.2%。各层灰岩中,以 C35、C310 灰岩相对较厚,C36、C38 灰岩相对较薄。

据抽水试验资料可知,单位涌水量 $q=0.000\ 17\sim0.000\ 6\ L/(s\cdot m)$,渗透系数 $K=0.000\ 65\sim0.004\ m/d$,富水性弱。2010 年测水位标高为 $2.054\sim2.25\ m$(十 C3Ⅱ孔)。

C3Ⅱ组灰岩含水层底部隔水层厚(C39 底板至 C310 灰岩顶板)$3.60\sim13.29\ m$,平均厚度为 $9.12\ m$。岩性主要为灰色、灰白色泥岩、粉砂岩与细砂岩互层,其次为砂质泥岩和中细砂岩,局部含 $1\sim2$ 层煤线。层间距较大为其特征。

(3) C3Ⅲ组

C310 灰顶至奥灰顶,含 C310、C311、C312 灰岩 3 层,组厚为 $25.12\sim34.06\ m$,平均厚度为 $30.02\ m$;灰岩总厚度为 $11.96\sim19.35\ m$,平均厚度为 $16.28\ m$,占平均组厚的 54.2%。各层灰岩中,以 C311 为最厚,C312 分布不稳定。

据抽水试验资料可知,单位涌水量 $q=0.000\ 17\sim0.000\ 6\ L/(s\cdot m)$,渗透系数 $K=0.000\ 65\sim0.004\ m/d$,富水性弱。1981 年初测水位标高为 $21.629\ m$(C3Ⅲ孔)。

C3Ⅲ组灰岩含水层底部隔水层厚(C312 底板至奥灰顶板)$4.63\sim9.86\ m$,平均厚度为 $7.24\ m$。岩性为灰色、灰绿色黏土岩、铝质泥岩,夹紫红色花斑,含黄铁矿结核,局部含铁质。

6.1.2　煤层与主要含水岩层位置关系

A1 煤与 C31 的层间距为 $10\sim23\ m$(平均层间距为 $15\ m$),C31 的厚度为 $1.25\sim4.05\ m$(平均厚度为 $2.6\ m$),C31 与 C32 之间为 $0.85\sim5.12\ m$ 厚的砂质泥岩(平均厚度为 $3.0\ m$),C32 的厚度为 $1.7\sim2.6\ m$(平均厚度为 $2.2\ m$),C32 与 C33$_上$ 的层间距为 $6.1\sim6.7\ m$(平均层间距为 $6.4\ m$),C33$_上$ 的厚度为 $2.9\sim8.65\ m$(平均厚度为 $5.8\ m$),C33$_上$ 与 C33$_下$ 的层间距为 $3.1\sim4.15\ m$(平均层间距为 $3.6\ m$),C33$_下$ 的厚度为 $6.4\sim8.7\ m$(平均厚度为 $7.6\ m$)。C33$_下$ 为强含水层,最大水压值为 $4.5\ MPa$,A 组煤开采时直接受其水害威胁。

A 组主要包括 A3 和 A1 两个煤层,A3 煤层煤厚为 $2.09\sim9.17\ m$,平均煤厚为 $5.8\ m$;A1 煤层煤厚为 $1.56\sim6.77\ m$,平均煤厚为 $2.8\ m$。两煤层层间距为 $1\sim5\ m$,局部合并为一层,工作面柱状如图 2-25 所示。

6.2　突水危险性评价

由式(4-4)可知,在采高 $M=5.8\ m$,水压 $p=4.5\ MPa$,面长 L 为 $100\ m$、$120\ m$、$160\ m$、$200\ m$ 时,破坏深度 y 分别为 $12.6\ m$、$17.8\ m$、$25.9\ m$、$32.4\ m$,底板隔水层厚度为 $35.5\ m$,按本书强含水层上"两带"式划分,承载突水关键岩

梁厚度 h 分别为 22.9 m、17.7 m、9.6 m、3.1 m,按突水系数计算公式(6-1)得出不同面长时工作面突水系数分别为 0.197 MPa/m、0.254 MPa/m、0.469 MPa/m、1.452 MPa/m。

$$\lambda = \frac{p}{h} \tag{6-1}$$

若考虑分层开采,上分层采高为 3.0 m,水压 $p = 4.5$ MPa,面长 L 为 100 m、120 m、160 m、200 m 时,破坏深度 y 分别为 10.4 m、15.6 m、23.7 m、30.2 m,底板隔水层厚度为 38.3 m。承载突水关键岩梁厚度 h 分别为 27.9 m、22.7 m、14.6 m、8.1 m,按突水系数计算公式得出不同面长时工作面突水系数分别为 0.161 MPa/m、0.198 MPa/m、0.308 MPa/m、0.556 MPa/m。

根据《矿井水文地质规程》:完整无破坏地段突水系数不超过 0.10 MPa/m;断层破坏地段不超过 0.06 MPa/m。可见,分层开采亦无法满足规程要求,因此,应通过以下三种方式减小煤层底板破坏深度,以满足安全生产的需要:① 缩短工作面面长;② 降低采高;③ 疏水降压。

6.3　防治水措施

6.3.1　工作面面长与采高的确定

潘北煤矿 11113 工作面为潘谢矿区 A 组煤首采面,该面的成功回采对后续 A 组煤开采意义重大。结合 5.2 节分析可知:水压为 4.5 MPa,即使面长为 100 m、分层开采采高为 3.0 m 仍不能满足安全生产的需要,但对于综采工艺而言,面长过短、采高过小不足以发挥其高产高效的工艺特性,另考虑到现场断层构造较多,最终确定 11113 工作面面长为 120 m,分层开采上分层厚度为 2.8~3.2 m,平均厚度为 3.0 m。

6.3.2　探放水工程

潘北矿井下放水钻探工程主要集中在东一采区,由采区石门进入太原群 1 灰后,在 1 灰中沿走向开凿专用疏放水巷道、3 灰石门及钻窝,在钻窝内施工井下穿层、顺层放水孔及观测孔。探放水工程布置示意图如图 6-1 所示。

该矿井完成 −490 m 东翼放水巷 1 100 m、集中放水大巷 1 300 m、C33 灰岩石 3 条;317.5 m;东翼放水巷常规钻孔 34 个(4 885 m)、集中放水巷 27 个(2 302.5 m);走向长钻孔 37 个(14 005 m),其中 ES1 石门 11 个(5 000 m)、ES2 石门 15 个(5 639 m)、ES3 石门 11 个(3 366 m)。

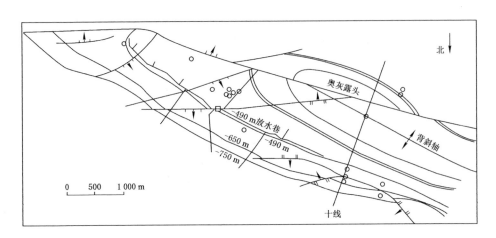

图 6-1　探放水工程布置示意图

据 2012 年 4 月 20 日观测,−490 m 东翼放水钻孔单孔最大水量为 5.8 m³/h,87 个孔放水量合计为 15.36 m³/h。自 2009 年开始施工灰岩放水孔,至 2012 年 4 月 20 日,−490 m 东翼 C3I 组灰岩含水层放出水量 17.7 万 m³。

−490 m 放水巷施工前,在东翼回风石门施工 3 个探查钻孔中,2 个钻孔终孔于 C3I(无水),1 个钻孔终孔于 C33下,且最大涌水量为 3.4 m³/h,最大水压为 4.5 MPa;在东翼轨道石门施工 3 个探查钻孔中,终孔层位均为 C33下,其中 2 个无水,1 个钻孔最大水量为 3.36 m³/h,最大水压为 4.5 MPa。据 2012 年 4 月 20 日观测,东翼(11113 工作面下方)C3I 组灰岩最高压力为 0.50 MPa,水压下降了 4.0 MPa。

6.4　工作面安全可靠性分析

6.4.1　工作面突水系数

11113 工作面开采技术参数:面长为 120 m,采高平均为 3.0 m,底板水压降为 0.50 MPa,按破坏深度 9.8 m 计算,可得突水系数为 0.018 MPa/m,满足《煤矿水文地质规程》要求。

6.4.2　工作面底板长期稳定性分析

将现有开采技术参数代入公式(5-35)中有:

$$\left[\frac{E_1 (38.3 - 57.1\ln\sqrt{120} + 0.09 \times 3^2 + 0.0644 e^{0.5} - 127.727)^3}{12} + \right.$$

$$\frac{E_2 \left(57.1\ln\sqrt{120} + 0.09\times 3^2 + 0.064\,4e^{0.5} - 127.727\right)^3 e^{-\frac{E}{\eta}t}}{12}\bigg]v''''$$

$$= -0.045\,53 \times \frac{3\times(60-|x|)^2}{4^3}e^{-\left(\frac{|x|}{4}\right)^3} + 16.461 +$$

$$0.017\,07 \times \frac{3\times(60-|x|)^2}{4^3}e^{-\left(\frac{|x|}{4}\right)^3} \qquad\qquad (6\text{-}2)$$

边界条件:

$$v(x,t)\big|_{x=-60}=0,\ v(x,t)\big|_{x=60}=0,\ \frac{\partial v(x,t)}{\partial x}\bigg|_{x=-60}=0,\ \frac{\partial v(x,t)}{\partial x}\bigg|_{x=60}=0$$

按试验数据,取 $E_1=20$ GPa,$E_2=9$ GPa,$\eta=45$ GPa·d,得出不同时间底板岩梁挠曲变形曲线如图 6-2 所示。

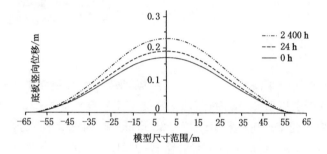

图 6-2　不同时间底板岩梁挠曲变形曲线

按现有破坏深度,完整岩梁主要由 1 灰、2 灰及 3 灰$_上$组成,通过抗拉试验可知,平均抗拉强度为 4.26 MPa,为此按第一强度理论判断流变状态下完整岩梁最大拉应力的时效性,通过分析(图 6-3)可知,即使工作面采后 100 d,底板岩梁最大拉应力值仍未达到破坏强度,说明该水文地质及开采技术条件下工作面不会发生滞后突水。

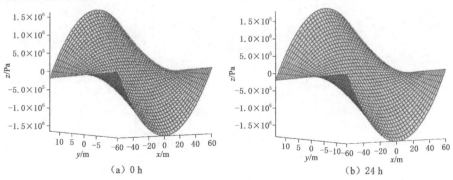

(a) 0 h　　　　　　　　　(b) 24 h

图 6-3　不同时间底板岩梁内应力分布

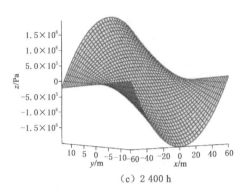

（c）2 400 h

图 6-3（续）

6.5 工作面安全回采

11113 工作面位于潘北矿井东一（A 组煤）采区，为 A 组煤采区首采面，工作面东起 DF30 断层以西 40 m 附近，西至潘北矿工广煤柱保护线。考虑承压水上安全回采及由于受 DF30 断层（$H = 7 \sim 25$ m）影响，可采走向长为 420 m，倾向宽为 120 m，面积为 66 846 m^2，可采储量为 21.3 万 t，工作面上风巷标高为 $-373.8 \sim -390.7$ m，下平巷标高为 $-390.8 \sim -406.3$ m。

工作面每隔 5 架安装一部监测分机，将工作面压力数据采集并传输到地面计算机进行数据处理。共安装监测分机 16 个、监测分站 8 个，工作面矿压观测距离为 110 m，具体布置如图 6-4 所示。

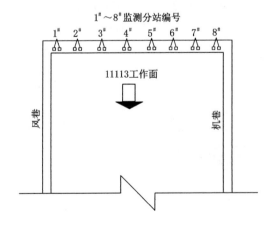

图 6-4 矿压监测测点布置

工作面采用 KJ345 液压支架压力监测系统进行支架工作阻力监测,将监测数据进行整理,经一个月的矿压观测,共处理分析 138 240 个数据。生成工作面不同位置的液压支架工作阻力分布图,如图 6-5 所示。

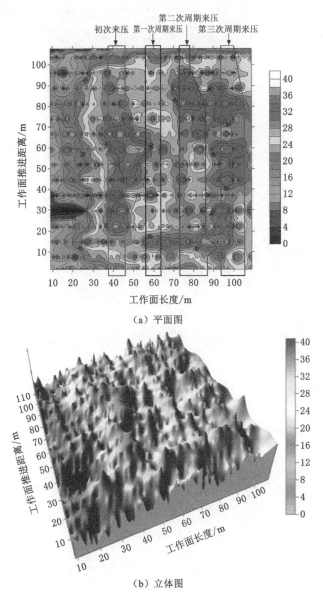

（a）平面图

（b）立体图

图 6-5　工作面不同位置的液压支架工作阻力分布图

当工作面回采至 38 m 时，工作面中上部、中部、中下部液压支架的最大工作阻力值都达到 36 MPa，即初次来压步距为 38～40 m；当工作面回采至 60 m 左右时，工作面第一次周期来压，周期来压步距约为 17 m；当工作面回采至78 m 左右时，工作面第二次周期来压，来压步距约为 18 m；当工作面回采至 98 m 左右时，工作面第三次周期来压，来压步距约为 20 m。

7 结论与展望

7.1 主要结论

本书通过数值模拟及相似材料模拟对承压水体上煤层开采所引起的应力场、位移场演化规律进行分析,得出相应的应力分区、变形分区及破坏分区,结合相关力学理论,建立了底板黏弹性-弹性力学模型,并对影响底板稳定性相关因素进行了系统分析,具体结论有:

(1) 根据弹性力学相关理论,将煤层底板视为均质且各向同性的空间半无限体,得出底板空间任意一点应力解析式;在水岩耦合作用原理分析基础上,对有无水压作用下采场底板端头位置、中间位置处受力情况进行分析,结果表明:采场底板无水压作用下,采场中间位置应力值由煤层底板向深部不断增加,这种趋势是渐进连续的;水岩耦合作用下底板中间位置应力呈现由低到高再降低后又缓慢升高的变化过程。

(2) 不同面长、水压作用下,针对底板最大主应力、垂直应力及孔隙水压力分布规律进行分析,并得出底板不同层位应力变化趋势。随水压、面长的增加,含水层中间位置最大主应力增大,含水层内最大主应力由中间向两侧逐渐降低;垂直应力表明受采动影响原岩应力降低区域由于水压作用使其应力又重新升高,进而造成充分卸载范围随水压的增加而减小;孔隙水压力分布规律表明,工作面两端头为突水集中区域,如果煤层开采后剪切应力致使破坏裂隙发育充分,则容易发生突水事故。

(3) 基于采场围岩应力分布规律,得出采场围岩应力特征分区为:① 载荷缓慢升高区;② 端头应力降低区;③ 拱形应力集中区;④ 端头关键承载区。

(4) 数字图像法对底板移动变形规律分析表明:停采线前方 35~40 m 受超前压力影响,底板出现相对受压变形状态,其变化值低于未受采动影响区 0.2~0.4 m;停采线向采空侧后退 5~10 m,底板受压变形达到最大,该范围称为压缩区;再向后 30~40 m 时,底板位移恢复到未受采动影响水平,称为压缩膨胀过渡区;离层膨胀区位于压缩膨胀过渡区后 65~75 m,该区内产生底鼓变形峰值点,最大底鼓量为 1.2 m 左右,其中峰值点位于开采范围中间位置后 10～20 m;从峰值点向后一直延伸到开切眼后煤体内 10～20 m,底鼓变形下降,该区域称为压实稳定区。

(5) 按位移特征,整个底板空间分为两个明显区域:底鼓区和压缩区。其中底鼓区进一步划分为底鼓变形减缓区、底鼓稳定发展区、底鼓变形削弱区。压缩区进一步划分为压缩膨胀过渡区、超前采动压缩区。

(6) 针对面长 120 m、160 m、200 m,水压 1 MPa、3 MPa、5 MPa,采高 1.0 m、2.0 m、3.0 m、4.0 m、5.0 m 等开采条件,数值分析了采场底板破坏形态及破坏深度,得出具体适用条件下关于以上三因素的底板破坏深度拟合公式:

$$H = 57.1\ln\sqrt{L} + 0.09M^2 + 0.0644e^p - 127.727。$$

(7) 采场底板破坏分区:充分破坏带内,在采场中部原拉破坏基础上产生新的剪切破坏,称重复破坏区;两端头受中部压应力作用与重复破坏区力学联系降低,进一步加剧了破坏深度及拉应力受力范围,称为破坏加剧区。在潜在导水破坏带内中部三向应力增加,岩体强度增大,尽管形成塑性破坏,但仍具备承载能力,称损伤破坏区;两侧剪切面到两端头从破坏形式上看以拉剪破坏为主,与损伤破坏区相比三向应力增加幅度不大,为潜在突水区域,称潜在透水破坏区。

(8) 建立了底板黏弹性岩梁力学分析模型,由虚功原理及能量泛函变分条件,得出采动应力及底板水压在不同作用时间下,受黏弹性岩梁抗弯能力下降的影响,底板完整岩梁挠度及拉应力变化趋势。分析了岩梁弹性模量、黏滞系数及水压变化对其形变影响程度,得出:加固底板以提高岩梁力学性质,一方面增加弹性模量,有助于加强底板抗变形能力,另一方面提高了导水破坏区岩石黏滞系数,减缓完整岩梁受力变形强度;疏水降压可有效降低岩梁边界受力,使其稳定性增强。

(9) 针对潘北矿 A3 煤层地质条件及水文地质条件,结合采场底板破坏深度计算公式及突水系数对工作面突水危险性进行判别,并提出具体防治措施。

7.2 创新点

(1) 相似材料模拟中采用数字图像法对底板位移进行分析,采用并行电法对底板破坏深度进行探测,用于比较和验证仿真计算及理论分析结果,得出具体适用范围内关于面长、水压、采高的采场底板破坏深度拟合公式。

(2) 按应力赋存特征同时对比塑性区分布,采场底板空间纵向分为三带,即充分破坏带、潜在导水破坏带和塑性破坏带。充分破坏带中采场中部受垮落矸石压实作用,形成载荷缓慢升高区,其破坏形式在原拉破坏基础上产生新的剪切破坏,称为重复破坏区;两端头仍维系原有受力及破坏形式,从应力分布看较原岩应力低,为端头应力降低区,但受中部压应力作用与重复破坏区力学联系降低,进一步加剧了破坏深度及拉应力受力范围,称为破坏加剧区。潜在导水破坏带承担了有效阻隔底板突水的作用,中部为拱形应力集中区,随三向应力水平的增加,受先拉后剪作用后形成损伤破坏区;两侧剪切面到两端头以拉剪破坏为主,从受力看该区内上下边界应力较高,而中部应力相对降低,具备一定承载强度,作为端头关键承载区,从破坏形式上看为潜在透水破坏区。

(3)基于本书采场底板三带分区,建立底板黏弹性-弹性岩梁力学模型,由虚功原理及能量泛函变分条件,分析采动应力及底板水压不同作用时间下,受黏弹性岩梁抗弯能力下降的影响,底板弹性岩梁挠度及内应力变化趋势,以Weibull函数分布描述岩梁上、下边界荷载分布状态,得出弹性模量、黏滞系数及水压对底板岩梁稳定性的影响。

7.3 展望

(1)底板破坏深度与煤层开采方式、面长、采高、水压、底板岩层力学性质、隔水层厚度等诸多因素相关联,本书主要针对潘谢矿区 A 组煤特定地质条件,将面长、采高、水压作为主要影响因素对底板破坏深度的影响进行分析,并得出相应公式,从适用范围而言还有待于进一步扩展。

(2)对底板岩梁建立力学模型进行挠曲变形分析时,两体之间采用共位移边界毫无疑问,但充分破坏带中不同层位受其力学性质影响,其挠度应在原有位移量基础上除去自身受压产生的变形量,书中出于简化,对该部分能量并未考虑。

参 考 文 献

[1] 虎维岳.矿山水害防治理论与方法[M].北京:煤炭工业出版社,2005.

[2] 王作宇,刘鸿泉.承压水上采煤[M].北京:煤炭工业出版社,1993.

[3] 刘晓丽.水岩耦合过程及其多尺度行为的理论与应用研究[D].北京:清华大学,2009.

[4] 武强,金玉洁.华北型煤田矿井防治水决策系统[M].北京:煤炭工业出版社,1995.

[5] 钱鸣高,石平五.矿山压力与岩层控制[M].徐州:中国矿业大学出版社,2004.

[6] 涂敏,缪协兴,马占国,等.承压水上开采底板失稳破坏规律研究[J].矿山压力与顶板管理,2005,22(2):26-28.

[7] 王永红,沈文.中国煤矿水害预防及治理[M].北京:煤炭工业出版社,1996.

[8] 朱珍德,郭海庆.裂隙岩体水力学基础[M].北京:科学出版社,2007.

[9] 杨天鸿,唐春安,徐涛,等.岩石破裂过程的渗流特性:理论、模型与应用[M].北京:科学出版社,2004.

[10] SHAO J F,ZHOU H,CHAU K T. Coupling between anisotropic damage and permeability variation in brittle rocks[J]. International journal for numerical and analytical methods in geomechanics, 2005, 29 (12): 1231-1247.

[11] 郭文婧,马少鹏,康永军,等.基于数字散斑相关方法的虚拟引伸计及其在岩石裂纹动态观测中的应用[J].岩土力学,2011,32(10):3196-3200.

[12] LEE DONGYEON,TIPPUR HAREESH,KIRUGULIGE MADHU. Experimental study of dynamic crack growth in unidirectional graphite/epoxy composites using digital image correlation method and high-speed photography [J]. Journal of composite materials, 2009, 43 (19): 2081-2108.

[13] 刘冬梅,蔡美峰,周玉斌,等.岩石裂纹扩展过程的动态监测研究[J].岩石力学与工程学报,2006,25(3):467-472.

[14] 唐春安,徐小荷.岩石破裂过程失稳的尖点灾变模型[J].岩石力学与工程学报,1990,9(2):100-107.

[15] PATERSON M S,WONG T F. Experimental rock deformation:the brittle field[M]. 2nd editon. Berlin:Springer,2005.

[16] JAEGER J C,COOK N G W,ZIMMERMAN R W. Fundamentals of rock mechanics[M]. 4th ed. Oxford:Blackwell,2007.

[17] MOGI K. Experimental rock mechanics[M].[S. l.]:Taylor & Francis,2007.

[18] 于学馥,郑颖人,刘怀恒,等.地下工程围岩稳定分析[M].北京:煤炭工业出版社,1983.

[19] 察美峰,孔广亚,贾立宏.岩体工程系统失稳的能量突变判断准则及其应用[J].北京科技大学学报,1997,19(4):325-328.

[20] 杨官涛.地下采场结构参数优化及稳定性的能量突变分析[D].长沙:中南大学,2007.

[21] 汪洋,曾雄辉,尹健民,等.考虑卸荷效应的深埋隧洞围岩分区破坏数值模拟[J].岩土力学,2012,33(4):1233-1239.

[22] 王学滨,潘一山.不同侧压系数条件下圆形巷道岩爆过程模拟[J].岩土力学,2010,31(6):1937-1942.

[23] 王卫军,侯朝炯,柏建彪,等.综放沿空巷道底板受力变形分析及底鼓力学原理[J].岩土力学,2001,22(3):319-322.

[24] 徐芝纶.弹性力学简明教程[M].2版.北京:高等教育出版社,1983.

[25] 缪协兴,陈荣华,白海波.保水开采隔水关键层的基本概念及力学分析[J].煤炭学报,2007,32(6):561-564.

[26] 缪协兴,浦海,白海波.隔水关键层原理及其在保水采煤中的应用研究[J].中国矿业大学学报,2008,37(1):1-4.

[27] 钱鸣高,缪协兴,许家林,等.岩层控制的关键层理论[M].徐州:中国矿业大学出版社,2000.

[28] 左宇军,李术才,秦泗凤,等.动力扰动诱发承压水底板关键层失稳的突变理论研究[J].岩土力学,2010,31(8):2361-2366.

[29] 杨官涛,李夕兵,王其胜,等.地下采场失稳的能量突变判断准则及其应用[J].采矿与安全工程学报,2008,25(3):268-271.

[30] 白晨光,黎良杰,于学馥.承压水底板关键层失稳的尖点突变模型[J].煤炭学报,1997,22(2):149-154.

[31] 王连国,宋扬.底板突水煤层的突变学特征[J].中国安全科学学报,1999,9(5):10-13.

参考文献

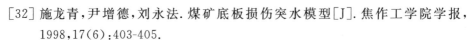

[32] 施龙青,尹增德,刘永法.煤矿底板损伤突水模型[J].焦作工学院学报,1998,17(6):403-405.

[33] 陈占清,缪协兴,刘卫群.采动围岩中参变渗流系统的稳定性分析[J].中南大学学报(自然科学版),2004,35(1):129-132.

[34] 张金才,王建学.岩体应力与渗流的耦合及其工程应用[J].岩石力学与工程学报,2006,25(10):1981-1989.

[35] WANG JIANXUE,ZHANG JINCAI. Laboratory determination of fracture aperture, permeability and stress repationships[J]. Journal of coal science and engineering(China),2003,9(2):13-16.

[36] 李新旺,孙利辉,杨本生,等.巷道底板软弱夹层厚度对底鼓影响的模拟分析[J].采矿与安全工程学报,2017,34(3):504-510.

[37] 王建飞.底板软弱夹层对巷道围岩稳定性的影响分析[J].煤矿现代化,2019(5):86-89.

[38] 宋朝阳,纪洪广.软弱夹层对煤矿主斜井围岩稳定性的影响分析[J].中国矿业,2016,25(8):94-99.

[39] 李强强.巷道底板软弱夹层对底鼓的影响分析及控制[D].邯郸:河北工程大学,2017.

[40] 宋文成,梁正召,刘伟韬,等.采场底板破坏特征及稳定性理论分析与试验研究[J].岩石力学与工程学报,2019,38(11):2208-2218.

[41] 李佳星.基于突变理论的缓倾斜底板岩层稳定性研究[D].西安:西安科技大学,2019.

[42] 李鹏波,宋杨,韩现刚.冲击地压条件下华亭煤田底板稳定性分析[J].煤矿开采,2019,24(1):93-97.

[43] 马振乾,姜耀东,杨英明,等.芦岭矿近距离煤层重复开采下底板巷道稳定性研究[J].岩石力学与工程学报,2015,34(增刊1):3320-3327.

[44] 刘伟韬,刘士亮,宋文成,等.基于薄板理论的工作面底板隔水层稳定性研究[J].煤炭科学技术,2015,43(9):144-148.

[45] 黄琪嵩,程久龙.软硬互层岩体采场底板的应力分布及破坏特征研究[J].岩土力学,2017,38(增刊1):36-42.

[46] 胡耀青,赵阳升,杨栋,等.承压水上采煤突水的区域监控理论与方法[J].煤炭学报,2000,25(3):252-255.

[47] 沈光寒,李白英,吴戈.矿井特殊开采的理论与实践[M].北京:煤炭工业出版社,1992.

[48] 葛亮涛,叶贵钧,高洪烈.中国煤田水文地质学[M].北京:煤炭工业出版

水岩耦合作用下采场底板分区特征及其稳定性控制研究

社,2001.

[49] 张辉.带压开采工作面的突水机理及防治水工作[J].中国煤田地质,2004,16(增刊1):45-47.

[50] 李抗抗,王成绪.用于煤层底板突水机理研究的岩体原位测试技术[J].煤田地质与勘探,1997,25(3):31-34.

[51] 虎维岳,尹尚先.采煤工作面底板突水灾害发生的采掘扰动力学机制[J].岩石力学与工程学报,2010,29(增刊1):3344-3349.

[52] 董书宁,虎维岳.中国煤矿水害基本特征及其主要影响因素[J].煤田地质与勘探,2007,35(5):34-38.

[53] 徐智敏.深部开采底板破坏及高承压突水模式、前兆与防治[J].煤炭学报,2011,36(8):1421-1422.

[54] CHILÈS J P,AUG C,GUILLEN A,et al. Modelling the geometry of geological units and its uncertainty in 3D from structural data:the potential-field method[R]//Orebody modelling and strategic mine planning-Uncertainty and risk management models. Carlton:Australasian Institute of Mining and Metallurgy,2006.

[55] 朱术云,鞠远江,姜振泉."三软"煤层采动底板变形特征数值模拟与实测对比分析[J].湖南科技大学学报(自然科学版),2010,25(1):13-16.

[56] 姜耀东,吕玉凯,赵毅鑫,等.承压水上开采工作面底板破坏规律相似模拟试验[J].岩石力学与工程学报,2011,30(8):1571-1578.

[57] 刘玉德,尹尚先,顾秀根.高突危险水体上煤层开采下限及带压开采分区研究[J].中国安全生产科学技术,2010,6(3):54-59.

[58] 张金才,刘天泉.论煤层底板中的裂隙带最大深度及分布特征[J].煤炭学报,1990,15(2):46-55.

[59] 张金才,张玉卓,刘天泉.岩体渗流与煤层底板突水[M].北京:地质出版社,1997.

[60] 李白英,沈光寒,荆自刚,等.预防采掘工作面底板突水的理论与实践[J].山东矿业学院学报,1988(5):47-48.

[61] 李白英.预防矿井底板突水的"下三带"理论及其发展与应用[J].山东矿业学院学报(自然科学版),1999,18(4):11-18.

[62] 李加祥,李白英.受承压水威胁的煤层底板"下三带"理论及其应用[J].中州煤炭,1990(5):6-8.

[63] 刘宗才,于红."下三带"理论与底板突水机理[J].中国煤田地质,1991,3(2):38-41.

[64] 施龙青,韩进.底板突水机理及预测预报[M].徐州:中国矿业大学出版社,2004.

[65] 施龙青,韩进.开采煤层底板"四带"划分理论与实践[J].中国矿业大学学报,2005,34(1):16-23.

[66] 张风达,申宝宏.深部煤层底板破坏特征分析[J].采矿与安全工程学报,2019,36(1):44-50.

[67] 陈继刚,熊祖强,李卉,等.倾斜特厚煤层综放带压开采底板破坏特征研究[J].岩石力学与工程学报,2016,35(增刊1):3018-3023.

[68] 宋文成,梁正召.承压水上开采倾斜底板破坏特征与突水危险性分析[J].岩土力学,2020,41(2):624-634.

[69] 杨建华,汪东.近距离煤层群上位煤层开采底板破坏特征分析[J].煤炭科学技术,2017,45(7):7-11.

[70] 陈阳洋,穆殿瑞,张望宝,等.采动对含断层煤层底板破坏特征的影响分析[J].煤矿安全,2017,48(3):186-189.

[71] 王宪勇.采动影响下煤层底板破坏特征试验研究[J].煤矿安全,2017,48(9):54-57.

[72] 张蕊,姜振泉,岳尊彩,等.采动条件下厚煤层底板破坏规律动态监测及数值模拟研究[J].采矿与安全工程学报,2012,29(5):625-630.

[73] 刘伟韬,申建军,贾红果.深井底板采动应力演化规律与破坏特征研究[J].采矿与安全工程学报,2016,33(6):1045-1051.

[74] 王文苗,张培森,魏杰,等.深部煤层开采软-硬-软互层组合底板应力分布与破坏特征模拟研究[J].煤矿安全,2019,50(2):57-60,66.

[75] 李逢祥.煤巷复合底板破坏特征及防治技术研究[D].青岛:山东科技大学,2018.

[76] 魏久传,李白英.承压水上采煤安全性评价[J].煤田地质与勘探,2000,28(4):57-59.

[77] 陈刚,王琼,杜福荣.煤层开采对底板突水的影响[J].煤矿安全,2005,36(4):34-36.

[78] 翟培合.采场底板破坏及底板水动态监测系统研究:电阻率CT技术在煤矿中的开发应用[D].青岛:山东科技大学,2005.

[79] 曹胜根,姚强岭,王福海,等.承压水体上采煤底板突水危险性分析与治理[J].采矿与安全工程学报,2010,27(3):346-350.

[80] 徐德金.承压水体上岩浆岩底板采动效应的数值分析[J].采矿与安全工程学报,2011,28(1):144-147.

[81] 刘盛东,杨彩,赵立瑰.含水层渗流突变过程地电场响应的物理模拟[J].煤炭学报,2011,36(5):772-777.

[82] 刘盛东,吴荣新,张平松,等.三维并行电法勘探技术与矿井水害探查[J].煤炭学报,2009,34(7):927-932.

[83] 张平松,刘盛东,吴荣新,等.采煤面覆岩变形与破坏立体电法动态测试[J].岩石力学与工程学报,2009,28(9):1870-1875.

[84] 吴荣新,张平松,刘盛东.双巷网络并行电法探测工作面内薄煤区范围[J].岩石力学与工程学报,2009,28(9):1834-1838.

[85] 刘盛东,王勃,周冠群,等.基于地下水渗流中地电场响应的矿井水害预警试验研究[J].岩石力学与工程学报,2009,28(2):267-272.

[86] 刘盛东,张平松.分布式并行智能电极电位差信号采集方法和系统:CN1616987A[P].2005-05-18.

[87] 段宏飞,姜振泉,朱术云,等.综采薄煤层采动底板变形破坏规律实测分析[J].采矿与安全工程学报,2011,28(3):407-414.

[88] 孙建,王连国,唐芙蓉,等.倾斜煤层底板破坏特征的微震监测[J].岩土力学,2011,32(5):1589-1595.

[89] 臧思茂,崔芳鹏,王书强,等.团柏煤矿下组煤开采底板突水防治技术与对策[J].煤炭科学技术,2011,39(6):93-96.

[90] 靳德武,刘英锋,冯宏,等.煤层底板突水监测预警系统的开发及应用[J].煤炭科学技术,2011,39(11):14-17.

[91] 高召宁,孟祥瑞,赵光明.煤层底板变形与破坏规律直流电阻率 CT 探测[J].重庆大学学报,2011,34(8):90-96.

[92] 鲁海峰,孟祥帅,颜伟,等.采煤工作面层状结构底板采动稳定及破坏深度的圆弧滑动解[J].岩土力学,2020,41(1):166-174.

[93] 李江华,许延春,谢小锋,等.采高对煤层底板破坏深度的影响[J].煤炭学报,2015,40(增刊 2):303-310.

[94] 赵云平,邱梅,刘绪峰,等.煤层底板破坏深度预测的 GRA-FOA-SVR 模型[J].中国科技论文,2018,13(3):247-252.

[95] 张文泉,赵凯,张贵彬,等.基于灰色关联度分析理论的底板破坏深度预测[J].煤炭学报,2015,40(增刊 1):53-59.

[96] 题正义,李佳臻,王猛,等.基于断裂力学倾斜煤层底板采动破坏深度研究[J].华中师范大学学报(自然科学版),2020,54(5):787-791,797.

[97] 刘伟韬,穆殿瑞,杨利,等.倾斜煤层底板破坏深度计算方法及主控因素敏感性分析[J].煤炭学报,2017,42(4):849-859.

[98] 施龙青,刘天浩,徐东晶,等.煤层底板破坏深度模拟及预测[J].中国科技论文,2018,13(9):978-983.

[99] 李可,张进红.倾斜煤层底板破坏深度主控因素敏感性分析[J].煤矿安全,2017,48(5):210-213.

[100] 刘伟韬,刘士亮,姬保静.基于正交试验的底板破坏深度主控因素敏感性分析[J].煤炭学报,2015,40(9):1995-2001.

[101] 代革联,杨韬,郭国强,等.带压开采首采工作面底板破坏深度研究[J].煤炭科学技术,2016,44(8):56-60.

[102] 李鹏飞,刘启蒙,陈秀艳.基于数值模拟的煤层底板损伤变量研究[J].煤炭技术,2017,36(7):71-73.

[103] 张渊.开采矿压对底板的损伤破坏及其对突水的诱发作用[J].太原理工大学学报,2002,33(3):252-256.

[104] 何满潮,谢和平,彭苏萍,等.深部开采岩体力学研究[J].岩石力学与工程学报,2005,24(16):2803-2813.

[105] 钱鸣高,刘听成.矿山压力及其控制(修订本)[M].北京:煤炭工业出版社,1991.

[106] 徐芝纶.弹性力学简明教程[M].3版.北京:高等教育出版社,2002.

[107] 吴家龙.弹性力学[M].北京:高等教育出版社,2001.

[108] 陈占清,李顺才,浦海.采动岩体蠕变与渗流耦合动力学[M].北京:科学出版社,2010.

[109] FENGM M,MAO X B,BAI H B,et al. Analysis of water insulating effect of compound water-resisting key strata in deep mining[J]. Journal of China University of Mining and Technology,2007,17(1):1-5.

[110] ZHANG H Q,HE Y N,TANG C A,et al. Application of an improved flow-stress-damage model to the criticality assessment of water inrush in a mine:a case study[J]. Rock mechanics and rock engineering,2008,42(6):911-930.

[111] 郑少河,朱维申.裂隙岩体渗流损伤耦合模型的理论分析[J].岩石力学与工程学报,2001,20(2):156-159.

[112] 郑少河,姚海林,葛修润.裂隙岩体渗流场与损伤场的耦合分析[J].岩石力学与工程学报,2004,23(9):1413-1418.

[113] 赵延林,曹平,汪亦显,等.裂隙岩体渗流-损伤-断裂耦合模型及其应用[J].岩石力学与工程学报,2008,27(8):1634-1643.

[114] 孙书伟,林杭,任连伟.FLAC3D在岩土工程中的应用[M].北京:中国水

利水电出版社,2011.

[115] 彭苏萍,王金安.承压水体上安全采煤:对拉工作面开采底板破坏机理与突水预测防治方法[M].北京:煤炭工业出版社,2001.

[116] 陈荣华,王路珍,孔海陵.数字图像相关法在相似材料模拟试验中的应用[J].实验力学,2007,22(6):605-611.

[117] KANG Y L,ZHENG G F,QIN Q H,et al. Effect of moisture on mechanical behaviour of polymer by experiments[J]. Key engineering materials,2003,251/252:7-12.

[118] CHEVALIER L,CALLOCH S,HILD F,et al. Digital image correlation used to analyze the multiaxial behavior of rubber-like materials[J]. European journal of mechanics - A/Solids,2001,20(2):169-187.

[119] WANG Y,CUITIÑO A M. Full-field measurements of heterogeneous deformation patterns on polymeric foams using digital image correlation[J]. International journal of solids and structures,2002,39(13/14):3777-3796.

[120] NICOLELLA D P,NICHOLLS A E,LANKFORD J,et al. Machine vision photogrammetry:a technique for measurement of microstructural strain in cortical bone[J]. Journal of biomechanics,2001,34(1):135-139.

[121] ZHANG D S,EGGLETON C D,AROLA D D. Evaluating the mechanical behavior of arterial tissue using digital image correlation[J]. Experimental mechanics,2002,42(4):409-416.

[122] 张平松,胡雄武,吴荣新.岩层变形与破坏电法测试系统研究[J].岩土力学,2012,33(3):952-956.

[123] 张平松,吴基文,刘盛东.煤层采动底板破坏规律动态观测研究[J].岩石力学与工程学报,2006,25(增刊1):3009-3013.

[124] 张平松,刘盛东,吴荣新.地震波CT技术探测煤层上覆岩层破坏规律[J].岩石力学与工程学报,2004,23(15):2510-2513.

[125] SHIMA H. Two-dimensional automatic resistivity inversion technique using alpha centers[J]. Geophysics,1990,55(6):682-694.

[126] SASAKI Y. 3-D resistivity inversion using the finite-element method[J]. Geophysics,1994,59(12):1839-1848.

[127] LOKE M H,BARKER R D. Practical techniques for 3D resistivity surveys and data inversion1[J]. Geophysical prospecting,1996,44(3):499-523.

[128] 钱颂迪.运筹学(修订本)[M].2版.北京:清华大学出版社,1990.

[129] 徐玖平,胡知能,王綏.运筹学[M].2版.北京:科学出版社,2004.

[130] 郑雨天.岩石力学的弹塑粘性理论基础[M].北京:煤炭工业出版社,1988.

[131] 王祥秋,陈秋南,韩斌.软岩巷道流变破坏机理与合理支护时间的确定[J].有色金属,2000(4):14-17.

[132] 王力平.混凝土试块流变试验分析研究[J].岩石力学与工程学报,2001,21(6):782-786.

[133] 王立忠,丁利,赵志远,等.结构性软土应力-应变关系的分段特征研究[C]//中国土木工程学会第九届土力学及岩土工程学术会议论文集.北京:[出版者不明],2003:305-318.

[134] ANANDARAJAH A. On influence of fabric anisotropy on the stress-strain behavior of clays[J]. Computers and geotechnics,2000,27(1):1-17.

[135] 陈晓斌,张家生,封志鹏.红砂岩粗粒土流变工程特性试验研究[J].岩石力学与工程学报,2007,26(3):601-607.

[136] 邓荣贵,周德培,张倬元,等.一种新的岩石流变模型[J].岩石力学与工程学报,2001,20(6):780-784.

[137] 阎岩,王思敬,王恩志.基于西原模型的变参数蠕变方程[J].岩土力学,2010,31(10):3025-3035.

[138] XIAO HONG BIN, MIAO PENG, ZHAN CHUN SHUN. Research on measurement and disciplinarian of vertical swelling force of expansive soils by ameliorative experiments[C]//Proceedings of an International Conference on Geotechnical Engineering. Changsha:[s. n.],2007.

[139] 李术才,朱维申.复杂应力状态下断续节理岩体断裂损伤机理研究及其应用[J].岩石力学与工程学报,1999,18(2):142-146.

[140] 陈卫忠,李术才,邱祥波,等.断裂损伤耦合模型在围岩稳定性分析中的应用[J].岩土力学,2002,23(3):288-291.

[141] 徐卫亚,韦立德.岩石损伤统计本构模型的研究[J].岩石力学与工程学报,2002,21(6):787-791.

[142] 徐卫亚,杨圣奇,褚卫江.岩石非线性黏弹塑性流变模型(河海模型)及其应用[J].岩石力学与工程学报,2006,25(3):433-447.

[143] 郑少河,朱维申.裂隙岩体渗流损伤耦合模型的理论分析[J].岩石力学与工程学报,2001,20(2):156-159.

[144] 郑少河.裂隙岩体渗流场—损伤场耦合理论研究及工程应用[D].北京:中国科学院武汉岩土力学研究所,2000.

［145］赵延林,曹平,汪亦显,等.裂隙岩体渗流-损伤-断裂耦合模型及其应用［J］.岩石力学与工程学报,2008,27(8):1634-1643.

［146］赵吉坤,张子明,刘仲秋,等.大理岩破坏过程的三维细观弹塑性损伤模拟研究［J］.岩土工程学报,2008,30(9):1309-1315.

［147］赵吉坤,张子明.三维大理岩弹塑性损伤及细观破坏过程数值模拟［J］.岩石力学与工程学报,2008,27(3):487-494.

［148］刘建新,唐春安,朱万成,等.煤岩串联组合模型及冲击地压机理的研究［J］.岩土工程学报,2004,26(2):276-280.

［149］谢和平,陈忠辉,周宏伟,等.基于工程体与地质体相互作用的两体力学模型初探［J］.岩石力学与工程学报,2005,24(9):1457-1464.

［150］谢和平,鞠杨,黎立云.基于能量耗散与释放原理的岩石强度与整体破坏准则［J］.岩石力学与工程学报,2005,24(17):3003-3010.

［151］龙驭球,刘光栋.能量原理新论［M］.北京:中国建筑工业出版社,2007.